聚氨酯变色成型技术研究

张乃艳 孙福根 许浩 李阳雪 朱旭 著

南京大学出版社

图书在版编目(CIP)数据

聚氨酯变色成型技术研究 / 张乃艳等著. -- 南京 ：
南京大学出版社，2023.7
ISBN 978 - 7 - 305 - 26901 - 1

Ⅰ. ①聚… Ⅱ. ①张… Ⅲ. ①聚氨酯－涂料－研究
Ⅳ. ①TQ633

中国国家版本馆 CIP 数据核字(2023)第 070855 号

出版发行　南京大学出版社
社　　址　南京市汉口路 22 号　　　　　邮　编　210093
出 版 人　王文军
书　　名　**聚氨酯变色成型技术研究**
著　　者　张乃艳　孙福根　许　浩　李阳雪　朱　旭
责任编辑　甄海龙　　　　　　　　编辑热线　025 - 83595840
照　　排　南京南琳图文制作有限公司
印　　刷　南京鸿图印务有限公司
开　　本　787×960 1/16　印张 8　字数 120 千
版　　次　2023 年 7 月第 1 版　2023 年 7 月第 1 次印刷
ISBN 978 - 7 - 305 - 26901 - 1
定　　价　78.00 元

网址：http://www.njupco.com
官方微博：http://weibo.com/njupco
官方微信号：njupress
销售咨询热线：(025) 83594756

前　言

　　聚氨酯是一种新兴的有机高分子材料,被誉为"第五大塑料",因其卓越的性能而被广泛应用于建筑、汽车、轻工、纺织、石化、冶金、电子、国防、医疗、机械等众多领域。本书通过对聚氨酯发泡材料成型问题展开研究,探索 A、B 料不同比例对发泡材料硬度和易粉碎度的影响,找出聚氨酯发泡材料成型规律,使物体部件的使用寿命更长,具有更好的抗断裂和抗粉碎能力;通过研究聚氨酯发泡材料变色添加剂,加快产品的成型速度,使其成型后可直接组装成成套部件,提高部件制作的效率、效益和成功率,为常用产品各个部件使用量提供推荐值。

　　本书主要研究内容包括:聚氨酯发泡材料理化性能分类、应用以及成型应用;聚氨酯发泡材料技术发展及应用现状;通过试验研究 A、B 料的不同比例发泡材料的发泡倍数;通过试验研究 A、B 料的不同比例发泡材料的抗压强度;聚氨酯发泡材料变色添加剂研究;脱模剂研究;特定物体各个部件 A、B 料的比例及使用量推荐值;聚氨酯发泡材料部件制作规范。

　　本书力求反映聚氨酯发泡材料成型技术的新应用和新成果,为推动产品制作领域的新发展提供支持。由于聚氨酯材料技术与应用方法的发展非常迅速,作者受水平所限,再加上成书仓促,书中不足之处在所难免,恳切希望广大读者批评指正。

作　　者

2022 年 12 月 15 日于徐州

目　录

1 绪　论

　　聚氨酯树脂又称聚氨基甲酸酯(Polyurethane),简称聚氨酯(PU),是一种主链上有较多氨基甲酸酯基团(—NH—COO—)的高分子合成物质。聚氨酯的发展经历了80多年,如果从异氰酸酯的合成算起,几乎还要往前推一个世纪。早在1849年,德国化学家伍尔兹就制备出脂肪族异氰酸酯;1850年德国化学家霍尔曼合成了苯基异氰酸酯。然而,直到1937年,德国法本公司的奥托·拜尔博士才首先将异氰酸酯用于聚氨酯的合成,他用六甲基二异氰酸酯(TDI)和1,4—丁二醇反应制备出Igamid—U聚氨酯纤维。

　　聚氨酯体系一般由二元或多元有机异氰酸酯与多元醇化合物(聚醚多元醇或聚酯多元醇)反应生成,因此根据选用原料的不同所得到聚氨酯主要分为线型和体型两大类。由于性能优异,自20世纪30年代Bayer公司合成了世界上第一个聚氨酯材料——Durethane U以来,聚氨酯产量一直增长很快,在许多领域获得了广泛应用。

1.1 聚氨酯发泡材料的分类及应用

聚氨酯是聚氨基甲酸酯的简称,是一种新兴的有机高分子材料,被誉为"第五大塑料",因其卓越的性能而被广泛应用于众多领域,主要涉及建筑、汽车、轻工、纺织、石化、冶金、电子、国防、医疗、机械等。

聚氨酯制品可分为泡沫制品和非泡沫制品两大类。泡沫制品有软质、硬质、半硬质泡沫之分;非泡沫制品主要包括涂料、胶粘剂、合成革、弹性体和弹性纤维(氨纶)等。其中,聚氨酯泡沫塑料相对密度小、强度较高、导热系数低、耐油、耐寒、防震且隔音,用途最为广泛。在我国,软质聚氨酯泡沫主要用于沙发、床垫、座垫、服装内衬等;硬质聚氨酯泡沫主要用于冰箱、冷藏库、设备、工业管道及建筑保温等;聚氨酯弹性体主要用于汽车零部件、纺织品、建筑铺装、防水材料、鞋底、合成革及纤维等;聚氨酯涂料主要用于木器家具漆、地板漆、设备防腐漆及汽车修补漆等;聚氨酯胶粘剂主要应用于鞋类、复合薄膜、密封剂和通用粘接剂。

近几年,随着聚氨酯产业的快速发展,中国聚氨酯的生产及应用已经具备相当的规模和一定的技术水平,已成为推动全球聚氨酯市场前进的主要动力。

1.1.1 PU 软泡(Flexible PU)

聚氨酯软泡是指软质聚氨酯泡沫塑料,是一种具有一定弹性的柔软性聚氨酯泡沫塑料,在聚氨酯制品中用量最大。

聚氨酯软泡的分类：按软硬程度，即耐负荷性能的不同，聚氨酯软泡可以分为普通软泡、超柔软泡、高承载软泡、高回弹软泡，其中高承载软泡、高回弹软泡一般用于座垫、床垫制造。按生产工艺的不同，聚氨酯软泡又可分为块状软泡和模塑软泡，块状软泡是通过连续法工艺生产出大体积泡沫再切割成所需形状的泡沫制品，模塑软泡是通过间隙法工艺直接将原料混合后注入模具发泡成所需形状的泡沫制品。

聚氨酯软泡多为开孔结构，具有密度低、弹性回复好、吸音、透气、保温等性能，主要用于：

垫材材料——如座椅、沙发、床垫、头枕等，聚氨酯软泡是一种非常理想的垫材材料，垫材是其用量最大的应用领域。

隔音材料——开孔的聚氨酯软泡具有良好的吸声消震功能，可用作室内隔音材料。

织物复合材料——垫肩、文胸海绵、玩具等。

1.1.2 PU 硬泡（Rigid PU）

聚氨酯硬泡是由硬泡聚醚多元醇（聚氨酯硬泡组合聚醚又称白料），与聚合 MDI（又称黑料）反应制备的。主要用于制备硬质聚氨酯泡沫塑料，广泛应用于冰箱、冷库、喷涂、太阳能、热力管线、建筑等领域。按照其用途及领域，可分为硬泡聚醚多元醇、仿木聚醚、环戊烷体系硬泡聚醚多元醇、全水聚醚及阻燃聚醚。

由于聚氨酯硬泡隔热保温性能好，重量轻，设计简单，无氟发泡适应环境宽，粘接力强，导热系数低，憎水性能好，密封性能好，尺寸稳定，性能恒定，抗风性能强以及阻燃性好，其主要用于：

冷冻冷藏设备——如冰箱、冰柜、冷库、冷藏车等，聚氨酯硬泡是冷冻冷藏设备最理想的绝热材料。

工业设备保温——如储罐、集装箱、管道等。

建筑材料——在欧美发达国家,建筑用硬泡占聚氨酯硬泡总消耗量的70%左右,是冰箱、冰柜等硬泡用量的一倍以上。在中国,硬泡在建筑业的应用没有西方发达国家普遍,发展潜力巨大。

仿木材——高密度(密度 300～700 kg/m³)聚氨酯硬泡或玻璃纤维增强硬泡是一种结构型 PU 泡沫塑料,又称仿木材,具有强度高、韧性好、结皮致密坚韧、成型工艺简单及生产效率高等特点,强度可比天然木材高,密度可比天然木材低,可替代木材用作高档制品原材料。

花卉行业——PU 花盆、插花泥等。

1.1.3　PU 半硬泡(Semi-rigid PU)

聚氨酯半硬泡,即聚氨酯半硬质泡沫塑料,是聚氨酯的几大品种之一。它是一种性能介于聚氨酯软泡与硬泡的泡沫,特点是具有较高的压缩负荷值和较高的密度,其交联密度远高于软泡而仅次于硬泡。半硬泡的这些特点决定了它不适宜制作座垫材料,主要用于减震和吸能材料等。

吸能性泡沫体——吸能性泡沫体具有优异的减震、缓冲性能,良好的抗压缩负荷性能及变形复原性能,其最典型的应用是制备汽车保险杠。

白结皮泡沫体(Integral Skin Foam)——用于制造汽车方向盘、扶手等功能件和内部饰件。白结皮泡沫制品通常采用反应注射模塑成型(Reaction Injection Moulding,简称 RIM)加工技术。

1.1.4　聚氨酯弹性体(PU Elastomers)

浇注型聚氨酯弹性体(简称 CPU)——是聚氨酯弹性体中应用最广、产量最大的一种。

热塑型聚氨酯弹性体(简称 TPU)——热塑型聚氨酯弹性体约占聚氨酯弹性体总量的 25%,是一种新型的有机高分子合成材料,各项性能优异,耐磨性、回弹力都好过普通聚氨酯,耐老化性能好过橡胶,可以说是替代 PVC 和 PU 的最理想的材料。

混炼型聚氨酯弹性体(简称 MPU)——占聚氨酯弹性体总量的 10%左右。

聚氨酯微孔弹性体——微孔弹性体最典型的应用是制鞋。

在矿山等行业的应用——筛板、摇床等。

在机械工业方面的应用——胶辊、胶带、密封件等。

在汽车工业方面的应用——轮胎、密封圈、保险杠、减震垫、管道、传动带、减震弹簧等。

在轻工业方面的应用——聚氨酯鞋底料、聚氨酯合成革、聚氨酯纤维等。

在建筑工业方面的应用——保温材料、防水材料、铺装材料、灌封材料等。

1.1.5　聚氨酯鞋底料(Shoe sole)

聚氨酯鞋底具有诸多优点:密度低,质地柔软,穿着舒适轻便;尺寸稳定性好,储存寿命长;优异的耐磨性能、耐挠曲性能;优异的减震、防滑性能;较好的耐温性能;良好的耐化学品性能等等。聚氨酯多用于制造高档皮鞋、运动鞋、旅游鞋等。

1.1.6 聚氨酯浆料

聚氨酯浆料分为湿法和干法两大类,是一种高分子溶液体系,外观透明或微浊,固体成分含量 30%～35%,也就是说其中的 65%～70% 是溶剂,简单地说 1 吨浆料中含有 650～700 公斤的溶剂,对于干法来说含有如此多的甲苯和丁酮,甲苯用量更大,因为甲苯的溶解性更好;对于湿法来说含有 650～700 公斤的纯 N,N-二甲基甲酰胺(DMF),因此对于浆料来讲,甲苯、DMF 的价格的变动很大程度上影响了浆料的成本,原因很简单,用量所占比重大。

聚氨酯浆料用作涂层制备聚氨酯合成革、人造革。聚氨酯合成革具有光泽柔和、自然,手感柔软,真皮感强的外观,具有与基材粘接性能优异、抗磨损、耐挠曲、抗老化、抗霉菌性好等优异的机械性能,同时还具备耐寒性好、透气、可洗涤、加工方便、价格优廉等优点,是天然皮革最为理想的替代品,广泛应用于服装、制鞋、箱包、家具、体育等行业。凡是真皮应用的领域,它都可替代,而且还可应用于真皮无法应用的领域,真皮的行情很容易受动物(牛、羊、猪等)行情和疾病(如疯牛病)的影响。

干法聚氨酯浆料——在应用的过程中,靠加热蒸发将浆料中的溶剂蒸发掉,溶剂大多是用甲苯、丁酮,蒸发掉的溶剂无法回收,不仅污染环境,而且还造成了不必要的浪费。

湿法聚氨酯浆料——由于加工过程采用的是将 DMF 用水抽提(原因是 DMF 与水有无限的溶解性),比较环保而且生产出的合成革具有良好的透湿、透气性能,手感柔软、丰满、轻盈,更富于天然皮革的风格和外观,因此发展速度极为惊人。

1.1.7 聚氨酯纤维(Spandex,简称氨纶)

氨纶的优异性能:突出的高回弹性,氨纶的高回弹性是目前所有弹性纤维都无法比拟的,它的断裂伸长率大于400%,最高可达800%,即使在300%拉伸形变时,回弹回复率仍在95%以上;优异的抗张强度、抗撕裂强度;耐候、耐紫外线照射能力强;耐化学品、耐洗涤、与染料的亲和性好。

氨纶莱卡已被广泛应用于纺织品中,是一种高附加值的新型纺织材料,其使用形式主要有四种:裸丝、包芯纱、包覆纱、合捻线,如丝袜、泳衣、舞蹈衣、纯棉包覆丝、服装等。在传统纺织品中,只需加入不到5%数量的氨纶,就可以使传统织物的档次大为提高,显示出柔软、舒适、美观、高雅的风格。

1.1.8 聚氨酯涂料(PU Coating)

聚氨酯涂料的应用领域主要有:车辆涂装,船舶木材、建筑物涂装,防腐涂装飞机、塑料、橡胶、皮革的表面涂装等等。

水性聚氨酯涂料——以水为主要介质,具有低 VOC 含量、低或无环境污染、施工方便等特点,是溶剂型涂料的主要替代品之一。已在许多领域得到广泛的应用,如木器漆及木地板漆、纸张涂层、建筑涂料、皮革涂层、织物涂层等。

1.1.9 聚氨酯胶粘剂(PU Adbesives)

聚氨酯胶粘剂中含有极性和化学活泼性很强的异氰酸酯基团（—NCO—）、氨基甲酸酯基团（—NHCOO—），与含有活泼氢的基材，如泡沫塑料、木材、皮革、织物、纸张、陶瓷等多孔材料，以及金属、玻璃、橡胶、塑料等表面光洁的材料都有优良的化学粘接力。聚氨酯胶粘剂具有以下特性：

1. 聚氨酯胶粘剂具备优异的抗剪切强度和抗冲击特性，适用于各种结构性粘合领域并具备优异的柔韧特性。

2. 聚氨酯胶粘剂具备优异的橡胶特性，能适应不同热膨胀系数基材的粘合，它在基材之间形成软—硬过渡层，不仅粘接力强，同时还具有优异的缓冲、减震功能。

3. 聚氨酯胶粘剂的低温和超低温性能超过所有其他类型的胶粘剂。

4. 水性聚氨酯胶粘剂具有低VOC含量、低或无环境污染、不燃等特点，是聚氨酯胶粘剂的重点发展方向。

1.1.10 聚氨酯密封胶(PU Sealants)

密封胶是用来填充空隙（孔洞、接头、接缝等）的材料，兼具粘接和密封两大功能。聚氨酯密封胶、硅酮密封胶、聚硫密封胶构成了目前高档密封胶的三大品种。

聚氨酯密封胶广泛用于土木建筑、交通运输等行业：

在建筑方面的应用——门窗、玻璃等的填充密封；

在土木方面的应用——高速公路、桥梁、飞机跑道等的嵌缝密封；

在汽车方面的应用——车窗(主要是风挡玻璃)的装配密封。

聚氨酯密封胶具有诸多优良特性,包括:

1. 性能可调范围宽、适应性强;

2. 耐磨性能好;

3. 机械强度大;

4. 粘接性能好;

5. 弹性好,具有优良的复原性,可用于动态接缝;

6. 低温柔性好;

7. 耐候性好,使用寿命长达 15～20 年;

8. 耐油性好;

9. 耐生物老化;

10. 价格适中。

1.2 聚氨酯发泡材料的理化性能

1.2.1 聚氨酯发泡材料的理化性质

在聚氨酯工业半个多世纪的发展过程中,人们对聚氨酯化学做了深入系统的基础研究,对相关化合物的特性、聚氨酯合成等也有了比较深刻的认识。虽然聚氨酯的合成反应各异、产品表现形式多样,但聚氨酯化学的基础均是围绕异氰酸酯的独特化学特性展开的,因为在聚氨酯材料中,最主要的聚合反应是异氰酸酯与各种氢给予体化合物的反应。因此,聚氨酯材料主要成分为异氰酸酯预聚体,另掺入多元醇组分,可加快聚氨酯聚合反应速度,提供聚合物的柔性链段,改善聚合物的性能。

硬质聚酯型聚氨酯泡沫塑料的理化性质:

密度:0.0368 g/cm³;

拉伸强度:0.414 MPa;

压缩强度(10%形变):0.323 MPa;

导热系数:0.035 W/(m·K)。

该材料与同一密度的聚醚型硬泡相比,有较高的拉伸强度和较好的耐油、耐溶剂和耐氧化性能,但聚酯粘度大,操作较困难。应用领域类似于硬质聚醚型聚氨酯泡沫塑料,当制品对强度、耐温性要求较高时,用聚酯型硬泡较为合适。如雷达天线罩的夹层材料,飞机、船舶上的三层结构材料,电器、仪表、设备的隔热材料和防震包装材料。

软质聚醚型聚氨酯泡沫塑料的理化性质:

密度:0.03~0.07 g/cm³;

拉伸强度:8.83~117 KPa;

伸长率:150%~300%;

弯曲强度:0.196 MPa;

导热系数:0.034~0.041 W/(m·K);

熔点:170~190 ℃

不同密度的软泡沫塑料,其主要用途有些差别。软质聚氨酯泡沫塑料主要用作服装与鞋帽衬里、垫肩和精密仪器的防震包装等。

1.2.2 聚氨酯发泡材料单体的理化性质

1.2.2.1 异氰酸酯的化学特性

异氰酸酯是分子中含有异氰酸酯基(—NCO)的化合物,其化学活性主要表现在特性基团—NCO 基团上。该基团具有重叠双键排列的高度不饱和键结构,能与各种含活泼氢的化合物进行反应,化学性质极其活泼。在该特性基团中,N、C 和 O 三个原子的电负性顺序为 O>N>C。因此,氮原子和氧原子周围的电子云密度增加,表现出较强的电负性,使它成为亲核中心,很容易与亲电子试剂进行反应。而对于排列在氧、氮原子中间的碳原子来讲,由于两边强电负性原子的存在,碳原子周围正常的电子云分布偏向氮、氧原子,从而使碳原子呈现出较强的上下电荷,成为易受亲核试剂攻击的亲电中心,十分容易与含活泼氢的化合物如醇、氨、水等进行亲核反应。

作为异氰酸酯,特性基团—N ＝C ＝O 是连接在母体 R 上的。R 母体的电负性将会对—NCO 基团的电子云密度产生较大影响。在聚氨酯工业中主要使用脂肪族和芳香族有机异氰酸酯,前者反应活性较低,就是因为作为烷基的 R 母体为供电子基团,它使—NCO 基团的反应活性下降;芳香族异氰酸酯 R 基的芳环为吸电子基团,从而使—NCO 基团的反应活性更强。异氰酸酯中常见的 R 基吸电子能力基本顺序为:硝基苯基>苯基>甲苯基>苯亚甲基>烷基。此外,分子间的位阻效应以及芳环共轭体系所产生的诱导效应,还有其他取代基的性质等也会对—NCO 的反应活性产生影响。

常用的异氰酸酯有甲苯二异氰酸酯(TDI)、4,4—二苯甲烷二异氰酸

酯(MDI)和聚次甲基苯基异氰酸酯(PAPI)等。其技术指标如表 1-1
所示。

表 1-1　异氰酸酯的技术指标

名　称	甲苯二异氰酸酯	4,4-二苯甲烷 二异氰酸酯	聚次甲基苯 基异氰酸酯
英文缩写名	TDI	MDI	PAPI
相对分子量	174	255.4	300~400
NCO%	48%	34%	29%~32%
粘度(Pa·S)	2.44×10^{-3}	63×10^{-3}	240×10^{-3}

1.2.2.2　羟基化合物

一般含二羟基以上的有机物或液态高分子化合物均可作为发泡聚氨
酯的材料,除非在特殊情况下使用乙二醇、丙三醇等化合物,通常只是使
用液态聚酯树脂或聚醚树脂。由于相同相对分子质量的聚醚树脂较聚酯
树脂粘度低,来源容易,故多采用聚醚树脂。某些聚醚树脂品种及技术指
标如表 1-2 所示。

表 1-2　聚醚多元醇品种及规格

品　种	相对分子质量	羟　值	酸　值	$H_2O(\%)$
N-204	400±40	280±20	<0.15	<0.001
N-210	1000±10	100±10	<0.15	<0.001
N-215	1500±100	70±10	<0.15	<0.001
N-220	2000±100	56±4	<0.15	<0.001
N-303	350±50	480±50	<0.15	<0.001

品　种	相对分子质量	羟　值	酸　值	H_2O(%)
N-330	3000±200	56±4	<0.15	<0.001
N-505	500±600	500±20	<0.15	<0.001
N-604	400	700±20	<0.15	0.001

　　注:品种数字中第1位表示分子中羟基数目,后面的数乘100是相对分子质量。

1.2.2.3　助剂

　　用于硬泡聚氨酯泡沫塑料的助剂较多,有催化剂、泡沫稳定剂、发泡剂、稀释剂等。

1.2.2.4　催化剂

　　聚氨酯催化剂主要分为叔胺类和有机锡类两大类。

　　常用的叔胺类催化剂有:三乙醇胺、三乙烯二胺、三乙胺、二甲基乙醇胺、N-乙基吗啉等。其主要催化作用是促进交联反应,即异氰酸酯与水之间的反应。

　　常用的有机锡类催化剂有:辛酯亚锡、油酸亚锡、二月桂酸二丁基锡和二辛酸基锡等。其主要催化作用是促进羟基化合物(如聚醚多元醇、聚酯多元醇)与异氰酸酯的反应,增强生成聚氨基甲酸酯基的能力。

1.2.2.5　泡沫稳定剂

　　一般常用的是有机硅泡沫稳定剂,它分为硅—氧—碳和硅—碳键型结构。有机硅泡沫稳定剂具有独特的水溶性和良好的表面活性,是聚氨酯泡沫塑料发泡工艺过程中不可缺少的原料之一。它在发泡过程中能降低各原料的表面张力,有利于泡孔均匀,防止泡孔破裂等。它对泡沫体的制造工艺及产品物性影响较大,选用良好的泡沫稳定剂是制备聚氨酯泡沫的关键。

1.2.2.6　发泡剂

分为物理发泡剂和化学发泡剂两种。

物理发泡剂如一氟三氯甲烷(F_{11})、三氟三氯甲烷(F_{113})、二氟二氯甲烷(F_{10})和二氟甲烷等。它们都是低沸点化合物,吸收化学反应释放的热量汽化后充满泡沫微孔。其发泡过程中不消耗异氰酸酯,有利于降低成本,制品的闭孔率高,强度和韧性好。而 F_{12} 多在二次发泡时使用。

化学发泡剂主要是水,利用水和异氰酸酯反应产生 CO_2 气体发泡,生成的泡沫是开孔的,吸水率高。一般多采用含有少量水和氟利昂两种成分的复合发泡剂,对增加发泡率并提高强度有一定作用。

1.2.2.7　稀释剂

主要是惰性(不含活性氢化合物)稀释剂,不参与化学反应,仅调节液体粘度。

1.3　聚氨酯发泡材料的制备方法

聚氨酯发泡成型的工艺主要有预聚法、半预聚法、一步法三种。其中,预聚法和半预聚法适用于工业化生产,而一步法适用于试验室等条件设备简陋的地方制备。

1.3.1 预聚法

预聚法发泡工艺是由二(多)羟基化合物和二(多)异氰酸酯反应合成出一种在链端仍含有异氰酸酯基团的聚氨酯预聚体,该预聚体由于仍含有异氰酸酯基团,仍然具有活性。在预聚体中加入水、催化剂、表面活性剂、其他添加剂等并在高速搅拌下混合进行发泡,固化后在一定温度下熟化即可。其工艺流程图如图 1-1 所示。

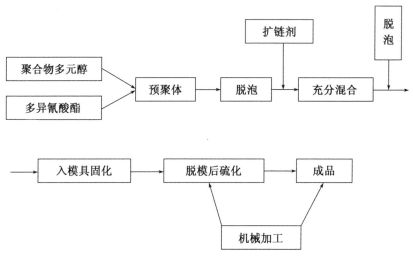

图 1-1 预聚法工艺示意图

1.3.2 半预聚法

半预聚体法的发泡工艺是将部分聚醚多元醇(白料)和二异氰酸酯

(黑料)先制成预聚体,然后将另一部分的聚醚或聚酯多元醇、二异氰酸酯、水、催化剂、表面活性剂、其他添加剂等加入,在高速搅拌下混合进行发泡。

1.3.3 一步法

一步法,顾名思义,就是一次性把聚醚或聚酯多元醇(白料)和多异氰酸酯(黑料)、催化剂、表面活性剂、发泡剂、其他添加剂等原料同时按照需要的比例配方添加到反应器中进行反应。由此可知此法过程简单,操作方便,能够缩短反应时间,降低能耗。但由于反应过程不易控制,反应物在反应器中分布不均,容易导致微相分离不彻底,最终产物的物理化学性质达不到应用要求。一步法工艺流程图如图1-2所示。

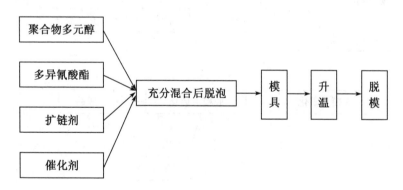

图 1-2 一步法聚合示意图

2　聚氨酯发泡材料发展现状

聚氨酯是在分子主链上含有—NH—COO—基团的高聚物聚氨基甲酸酯的简称。它通常由多元异氰酸酯和多元羟端基化合物通过逐步加成聚合反应而得到。由于聚氨酯分子中具有强极性的氨基甲酸酯基团,其聚合物具有高强度、耐磨、耐非极性溶剂等特点,并且可以通过改变多羟化合物的结构、相对分子质量等,在很大的范围内调节聚氨酯的性能,使之在交通、建筑、轻工、纺织、机电、航空、医疗卫生等领域得到广泛应用。

2.1　国外聚氨酯发泡材料发展现状

聚氨酯是世界六大具有发展前途的合成材料之一,由于产品性能优良、应用领域广,是世界重点发展的产业。2021 年全球聚氨酯市场规模高达 425.4 亿美元,预计 2028 年将达到 525.4 亿美元,2022 年至 2028 年年复合增长率为 3.1%。[①] 随着国际化、全球化程度的加深以及能源和环境压力的加大,集约化、规模化的趋势加剧,聚氨酯行业呈现出新的发展态势。多元醇和异氰酸酯等主要原料的单套装置生产规模不断扩大,二

---

① 知乎网:发布于 2022 年 2 月.

苯甲烷二异氰酸酯(MDI)和甲苯二异氰酸酯(TDI)的关键技术仍然垄断在巴斯夫、亨斯迈、拜耳等几家大型跨国公司手中,生物质基多元醇近年来得到了迅速发展,聚氨酯材料的研究主要集中于材料的功能化和高性能化,同时环境友好和可生物降解的聚氨酯材料也是国外研究开发的热点。

2.1.1　原料单体的产能

2.1.1.1　多元醇

近年来,多元醇的生产呈现新技术的应用、生物基材料的开发和装置大型化等特点。

生物质基多元醇的发展主要表现为新生物质资源的开发利用和大豆油基多元醇的规模化生产,美国 Urethane Soy Systerms Co.（USSC）利用丰富的大豆资源,开发了大豆多元醇系列产品 Soyol,其应用范围几乎与石油基聚醚多元醇相同,可应用于软泡、硬泡、涂料、胶粘剂、密封胶和弹性体的生产,年生产能力达 20 多万吨。两个系列的大豆油多元醇都发展到第 3 代产品,第 3 代的大豆多元醇能提供一些特殊的性能,如酸值更低、气味更小、粘度更低,能满足客户的特殊要求。另外,USSC 还以 Soyol 为基础,开发了聚氨酯组合料:Bio-Tuff, Soy Therm 50、SoyMatrix。马来西亚有丰富的棕榈油资源,该国的 Maskirni 多元醇公司生产和销售棕榈油多元醇(NOPs)及以植物油多元醇为基础的聚氨酯组合料,棕榈油多元醇生产能力已达 60 吨/天,产品官能度为 2.5～3.0,主要应用于聚氨酯硬泡领域,还用于胶粘剂、弹性体等。InterMel 公司的棕榈油多元醇牌号有 IMEX-POL YGREEN 31 和 IMEX-POL YGREEN

61,其中 IMEX-POL YGREEN 31 主要用于生产聚氨酯硬泡和半硬泡，它非常适合生产高密度和中等密度的泡沫，既可以单独使用，又可以与其他多元醇混合使用；IMEX-POL YGREEN 61 主要用于生产聚氨酯软泡和半硬泡，它的材料性能和加工条件范围很宽。当它用于软泡生产时，能节约 10%～15% 的成本。

除上述公司外，日本伊藤制油株式会社也开发了聚蓖麻油多元醇系列产品；Elastogran 和 BASF 公司开发了一种新型催化剂，用于生产低挥发、低气味的软泡用蓖麻油多元醇；陶氏化学公司也开始大规模生产以大豆油为基础的多元醇。2006 年 10 月，美国 Vertellus Performance Materials Inc. 宣布引进新的 Polycing GR 系列产品生产线，Polycing GR 多元醇从蓖麻油中提炼，羟值为：35～340 mgKOH/g，官能度为 2～2.9，主要应用于聚氨酯工业的涂料、胶粘剂、密封胶和弹性体的生产。

新西兰的一个研究组从柳木中提取出了作为 PU 泡沫原料的天然木质素，目前该木质素已由客户用于泡沫配方中并经过严格的泡沫性能测试，其性能如导热、密度等取得了令人满意的结果，用此木质素生产的泡沫绿色环保、原料连续易得，可大大减少 PU 生产对石油的需求，提高环境质量。Vertellus Performance Materials 公司推出了一系列新型基于蓖麻油衍生而来的多元醇，据称该新型多元醇是一种聚氨酯工业用的完全天然的、可再生的植物基多元醇，该产品可用于生产韧性涂料、软质胶粘剂、软质密封剂和弹性体。Dow 化学公司开发了一种新工艺，用高度可再生资源生产生物基多元醇，Dow 化学公司声称，用这种新型技术生产的产品，其特性可与石油基多元醇相媲美。福特汽车公司研究开发了一类新的合成方法，消除了大豆基多元醇的"植物油"气味，用大豆基多元醇代替 40% 的石油基多元醇，用于生产内饰件用的聚氨酯泡沫，以每辆汽车平均用 13.6 kg 聚氨酯泡沫计，该公司估计这种替代产品每年可节约成本 2600 万美元。

瑞典柏士德公司于 2006 年 8 月投产了位于意大利米兰装置中的一条新的低成本聚酯多元醇生产线,新产品的主要用途是做醇酸树脂、松香树脂、印刷油墨树脂、聚氨酯胶粘剂以及聚氨酯泡沫物的组成物。拜耳和巴斯夫公司达成协议,拜耳授权巴斯夫利用该公司技术生产聚醚多元醇。该生产技术采用双金属氰化物为催化剂,使聚羟基烷基化过程更为简便。许可协议中还包括长链聚醚多元醇的一系列生产步骤,长链聚醚多元醇可用作聚氨酯软泡原料。

巴斯夫公司计划使其美国吉斯玛生产地的多元醇产能提高 40% 以上,将建造两台多元醇反应器和改造两台现有的反应器,以用于在吉斯玛生产多元醇,同时还计划将多元醇主要生产地转至吉斯玛,这一措施使巴斯夫在美国的多元醇年生产能力从 25 万吨提高到 2008 年的 35 万吨。

陶氏化学公司将在 2007~2008 年内提高其欧洲的多元醇和丙二醇生产能力,使荷兰的多元醇产量扩能 18 万吨/年,与巴斯夫公司的合资企业正在安特卫普建设过氧化氢制环氧丙烷装置,该装置所生产的环氧丙烷将用作多元醇扩能的原料。

陶氏化学公司麾下的陶氏聚氨酯公司于 2007 年 9 月中旬宣布,使其在美国得州自由港的特种多元醇生产装置产量扩增约 5.9 万吨/年,已于 2009 年初完成。壳牌化学公司将使其位于荷兰佩尼斯的多元醇生产地产能从 15 万吨/年扩增至 25.5 万吨/年,扩能已于 2008 年中期完成。

2.1.1.2 异氰酸酯

拜耳公司、巴斯夫公司、亨斯迈公司等仍是 MDI、TDI 的首要生产和供应商。近年来,通过进一步的重组、扩能和技术研发巩固了以上公司在行业内的垄断地位。

拜耳公司宣布考虑在欧洲新建一套世界级规模 MDI 装置,计划能力为 40 万吨/年,该项目建成后其在全球的 MDI 总能力增加到 185 万吨/年。Dow 化学公司已宣布扩大其在葡萄牙的 2 个生产厂的亚甲基对二苯基异氰酸酯(MDI)的产能,并使其位于 Texas 州 Freeport 工厂的 MDI 产能提高 50%。BASF 公司扩大了其在比利时的亚甲基对二苯基异氰酸酯的产能,从当前的 45 万吨/年扩大到 56 万吨/年以满足全球不断增长的需求,同时于 2006 年 8 月启动了在中国的一套产能为 24 万吨/年的 MDI 装置,并计划在我国重庆建一套 40 万吨/年的粗 MDI 装置。

巴斯夫公司于 2005 年 7 月收购亨斯迈 TDI 业务,该公司在美国吉斯玛拥有产能为 4.1 万吨/年的 TDI 装置,仅占其异氰酸酯能力的 5%,巴斯夫公司 TDI 能力为 33 万吨/年,其中生产装置位于美国吉斯玛、德国希瓦赤登和韩国丽水。该公司也在中国上海与亨斯迈和三家中国公司共建产能 16 万吨/年装置。

巴斯夫还和陶氏化学公司合作研究,建设一座世界最大的聚氨酯中间体甲苯二异氰酸酯(TDI)装置,装置建设地点选址欧洲。据称,该 TDI 装置具有经济和技术竞争优势,其 TDI 装置产能 30 万吨/年,将是同类装置中最大的,已在 2011 年建成投产。

日本聚氨酯株式会社于去年 11 月,在毗邻本公司南阳制造所的东曹株式会社南阳制造所内,完成了年产 20 万吨的新 MDI 成套生产设备。经过 12 月的试运转后,如期于今年 1 月初开始正式投产,目前运转情况十分顺利。南阳制造所内现有两套生产设备,年产能力共计 20 万吨,此次年产 20 万吨的新设备投产后,该公司的 MDI 生产设备增为 3 套,年产能力为 40 万吨,进一步加强了稳定供货的体制,在坚守亚洲地区最大的

MDI 供应厂商地位的同时,可在当地直接从东曹购买 MDI 的主要原料苯胺和 CO,以东曹的氯乙烯业务高度一体化的生产链为基础,构筑更加稳定的产品供应体制,满足客户的需求。

另外,陶氏化学公司也启动其 MDI(二苯基甲烷二异氰酸酯)扩能计划,使其位于美国得克萨斯州化工厂的 MDI 产能提高 50%;Kumho 三井化学公司将其在韩国 Yeosu 的亚甲基对二苯基异氰酸酯(MDI)装置产能增加一倍,达到 13 万吨/年;Permira 公司扩大了 TDI 及 MDI 产能,其中将 TDI 产能从 8 万吨/年扩大到 25 万吨/年。

亨斯迈公司最近为在荷兰建一套 40 万吨/年的 MDI 装置进行了设计和可行性研究,该公司称还计划使用一种全新的具有自主知识产权的技术扩大其 MDI 及其衍生物装置的产能。

Bayer Material Science 公司开发了一种新的气相光气法工艺,在生产甲苯二异氰酸酯(TDI)的工艺中可削减溶剂用量的 80%。

2.1.2 聚氨酯发泡材料的发展现状

美国 Rogers 公司开发了 4790 - 92 Poron 和 SR - S 系列超软慢回弹微孔聚氨酯,具有高压缩性、低压缩永久变形、低释气特征,提供良好的密封和填隙性能。Strathclyde 大学研究组研制了全软家具用减震聚氨酯配方,比现有类型的阻燃泡沫在降低毒性和提高环境友好性上效果更好,可大大降低由软质泡沫引起的火灾。美国 Carpenter 泡沫公司开发了一系列生产高密度硬泡的聚氨酯组合料,其制品安全性符合一级防火标准。Foam Partner 公司开发了 2 种硬度可变的泡沫材料生产新技术,其中一种技术是将生产的软泡通过模具切割和层压,然后抛光、研磨成预期的形状,再通过加热使之硬化而成为硬质泡沫,可用于汽车部件等;另一技术是在电子射线作用下,使软泡的碳碳双键发生变化形成新的三维网络交联,转变成不同硬度的硬质泡沫。这种软泡可以像普通软泡那样压缩运输,然后再加工成硬泡,作为吸音材料、过滤材料、装饰材料以及三明治板材的内层等。美国科学家还研制了具有优良阻燃性的聚氨酯—氯丁橡胶泡沫软垫,该软垫产品可用于航空、飞机工业的座椅和靠背,有多种颜色可供选择,所生产的飞机软垫泡沫制品符合美国联邦航空管理局的要求。

日本东洋橡胶工业公司采用多元醇、多异氰酸酯、催化剂及阻燃剂(如氢氧化铝、三氧化铋、磷酸系列阻燃剂等)等研制出高阻燃性水发泡硬质聚氨酯泡沫塑料,其产品性能达到 JIS A-1321 阻燃二级标准。

BASF 公司开发了一种新型聚氨酯泡沫,这种泡沫能代替家具中的金属弹簧,具有与金属弹簧相当的舒适感和耐久性,密度约为 64 kg/m³,而普通家具用泡沫的密度为 16～40 kg/m³,抗张强度为 0.158 MPa,伸长率为 176%,撕裂强度为 308 N/mm,回弹率达 87%,同时可以使价格下降 35%。

Dow 化学公司生产出了一种胺释放量极低的聚氨酯泡沫,它主要由一种多元醇和一种异氰酸酯在含有氨基甲酸盐的发泡剂中反应生成。

拜耳公司开发出了粘弹性泡沫系统,其中异氰酸酯组分为 MDI,这种泡沫设计灵活且生产过程中废物较少。拜耳材料科学还开发了一种不需搅拌的水发泡 PUR 喷涂绝热泡沫 BaySeal/2-Pound SPF,它的优点是组合料不需要搅拌就能保持产品的分散性,具有环境友好、安全性高的特点,成型的泡沫质轻,密度仅为 0.227 kg/m³,主要用于商业和住宅建筑。

英国 IFS 集团用聚醚、聚酯和天然多元醇的混合物与 MDI 反应,制备低密度、开孔硬质 PU 泡沫组合料,用于长约 1760 km,从里海(欧亚)到地中海的输油管道的硬泡支撑架,不仅能对管道起到保护作用,还具有一定的柔韧性以适应复杂的地形条件,同时又具有透水性。该组合料的发泡剂为 HCF-245fa 和水,制成的泡沫密度为 25 kg/m³,开孔率大于 90%,且具有较高的抗压强度,符合支撑架的要求。Dr Len 医疗制品公司用特制的低密度 PU 软泡制成低压伤口绷带,具有舒缓毛细血管、加速血液循环、减轻水肿、降低疼痛的作用,可使溃疡、烧伤面和伤口加速愈合。Magid Glove and Safety Manufacturing 公司用聚氨酯泡沫制造一次性锥形耳塞,用于堵塞耳道,防止噪音对听力的损害,降噪率达 29%,具有舒适、耐脏、不会引起过敏的特点。Cabot 和 Corus 公司合作,使用纳米二氧化硅气凝胶和聚氨酯泡沫开发了新型的双层管。Corus 公司设计的聚氨酯泡沫管道材料具有超低导性和很宽的温度稳定性,和 Cabot 公司的纳米气凝胶牢固地粘接在一起,操作温度大大提高,特别适合于高温高压输送物料。

另外,陶氏化学(欧洲)公司在俄罗斯的合资公司 Dow Izolan、Dipol 化学和 JSC Nord 公司等也考虑在俄罗斯生产硬质聚氨酯泡沫。这些公司在对项目进行经济上的可行性研究和确定其特殊作用。

2.2 国内聚氨酯发泡材料发展现状

我国聚氨酯(PU)工业起步于 20 世纪 50 年代末 60 年代初,之后的 20 年发展一直比较缓慢,其主要原因是合成聚氨酯的三大基础原料异酸酯(TDI、MDI)及聚醚多元醇(PPG)的供需矛盾突出,制约了聚氨酯工业的发展。直到 20 世纪 90 年代,随着我国万吨级大型异氰酸酯和聚氨酯装置的引进投产,我国聚氨酯工业正式步入了快速发展的阶段,至 1997 年制品年总产量已达到 56 万吨,品种也达到了 20 多个,在产品质量、应用领域、科研开发等方面均接近国际水平。特别是近年来随着我国国民经济的迅猛发展,聚氨酯工业得到了持续快速发展,聚氨酯工业的三大基础原料也已出现了跨越式发展。

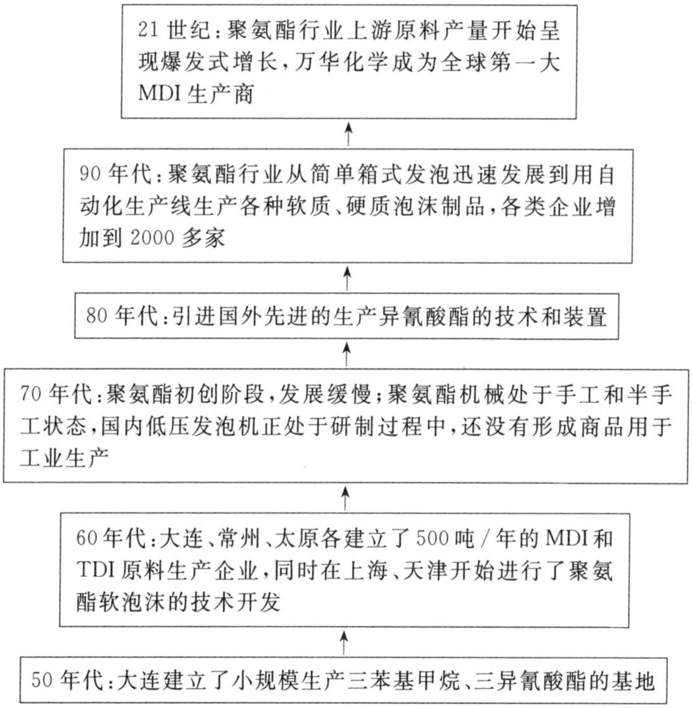

21 世纪:聚氨酯行业上游原料产量开始呈现爆发式增长,万华化学成为全球第一大 MDI 生产商

↑

90 年代:聚氨酯行业从简单箱式发泡迅速发展到用自动化生产线生产各种软质、硬质泡沫制品,各类企业增加到 2000 多家

↑

80 年代:引进国外先进的生产异氰酸酯的技术和装置

↑

70 年代:聚氨酯初创阶段,发展缓慢;聚氨酯机械处于手工和半手工状态,国内低压发泡机正处于研制过程中,还没有形成商品用于工业生产

↑

60 年代:大连、常州、太原各建立了 500 吨/年的 MDI 和 TDI 原料生产企业,同时在上海、天津开始进行了聚氨酯软泡沫的技术开发

↑

50 年代:大连建立了小规模生产三苯基甲烷、三异氰酸酯的基地

图 2-1 我国聚氨酯发展历程

经历了艰难起步、缓速发展及快速增长后,2010 年,中国聚氨酯产业基本完成产能扩张,进入供需平衡阶段。作为全球 PU 产品消耗量增速最快的国家,中国近年来 PU 产业发展成绩斐然,2007 年,中国 PU 消费总量占全球消费总量的 28.5%,仅次于北美。21 世纪以来,我国

聚氨酯的产销量持续快速增长,2019 年我国聚氨酯产量达 1366 万吨,占全球总产量 45% 左右,聚氨酯产品消费量达 1185 万吨。我国目前已成为世界上最大的聚氨酯生产国,也是最大的聚氨酯主要消费市场。

2.2.1 原料单体的产能

异氰酸(O—C—NH)分子中的氢原子被烃基所取代的衍生物(O—C—NR)称为异氰酸酯。芳香族异氰酸酯是合成聚氨酯的重要原料,常用的是甲苯异氰酸酯(TDI)和二苯基甲烷二异氰酸酯(MDI)两种。MDI 主要用在硬质聚氨酯泡沫领域,TDI 主要用在软质聚氨酯泡沫领域。近年来,随着聚氨酯工业的快速发展,MDI 和 TDI 的需求量不断扩大,新技术、新工艺、新设备不断涌现,产能逐年有很大的提高,已完全摆脱了依靠进口的情况。

据相关资料记载,2003 年 MDI 产能增长率为 280%,TDI 产能的增长率为 14.1%。MDI 受烟台万华这一全球领先产能的引领者带动,2008 年国内 MDI 的产能为 100 万吨左右,国内供需基本在 2008 年已达到平衡。从国内市场供给情况来看,2021 年我国纯 MDI 产能为 158.8 万吨/年,产量 117.7 万吨,开工率为 74.1%,2016—2021 年产能年均复合增长 5.6%,但 2018 年以来产能扩张增速趋缓。国内纯 MDI 生产商主要为万华化学,产能占比约 58%。

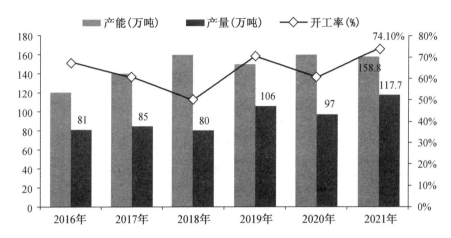

图 2-2 2016—2021 年中国纯 MDI 产能、产量及开工率情况

TDI 产品在反倾销壁垒保护下近年来发展势头亦表现良好,据统计,2016 年开始中国 TDI 产量逐年增加,2020 年中国 TDI 产量达 102.86 万吨,较 2019 年增加了 13.1 万吨,同比增长 14.6%。

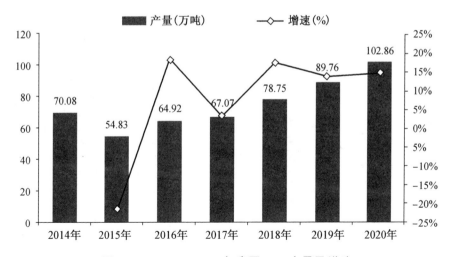

图 2-3 2014—2020 年我国 TDI 产量及增速

聚醚多元醇(PPG)是由起始剂与环氧乙烷、环氧丙烷或四氢呋喃经加成聚合反应制得,其产品主要应用于聚氨酯材料的制造。聚醚多元醇行业基本处于供大于求状态,由于行业壁垒不高,较早的发展使得国内聚醚多元醇行业近年来已渐进入落后产能的淘汰过程,而由于其应用种类较多,加之技术不断更新提高,未来聚醚多元醇行业将向高端产品、配合供应方向发展。目前,我国 PPG 的生产企业有近 40 家,拥有万吨级生产装置的企业有十几家。随着聚醚多元醇装置的相继引进和生产技术的改进,国内 PPG 的产能不断扩大,产品质量有了很大程度的提高,与进口产品的差距逐步缩小。我国现有聚醚多元醇的产能在 180 万吨左右,预计今年将达 240 万吨左右。但在这种情况下,国内一些聚醚多元醇小规模装置将会面临生存的挑战。聚酯多元醇类、己二酸产能快速扩张,自给率大幅上升,2009 年反倾销政策出台,进口货源逐步退出中国市场;1,4—丁二醇国内产能稳步增长,但受技术因素及国内供应不稳定影响,

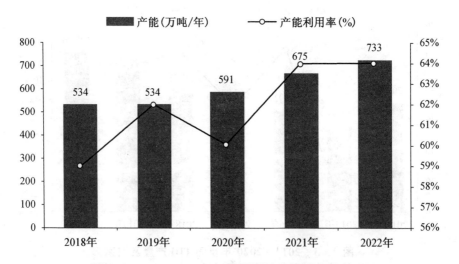

图 2－4　2018—2022 年我国聚醚多元醇产能情况

进口货源短期仍将占有一席之地。近年来,我国聚醚多元醇产能逐年增长,截至 2021 年产能达到 675 万吨/年,同比 2020 年增长 14.2%,预计 2022 年我国聚醚多元醇产能将达到 733 万吨/年。产量方面,据统计,我国聚醚多元醇产量从 2018 年的 316 万吨增长至 2021 年的 430 万吨,2018—2021 年复合增长率为 10.81%,预计 2022 年我国聚醚多元醇产量为 466 万吨,同比增长 8.4%。

2.2.2 聚氨酯发泡材料的发展现状

泡沫塑料是最重要的聚氨酯制品,其用途广泛、性能优良。我国聚氨酯泡沫塑料生产始于 20 世纪 50 年代,主要产品是软质泡沫塑料。其投产较早、规模较大的工厂有上海塑料制品六厂、天津聚氨酯制品厂、南京塑料厂(现名金陵石化公司塑料厂)、北京泡沫塑料厂等。60 年代中期,国内开始生产硬质泡沫塑料,主要用于船舶、冷库、石油化工管道保温等。80 年代是中国聚氨酯泡沫塑料高速增长的阶段,制品产量不断增长,年增长率达 25%,生产布局趋于合理,产品质量逐步提高,应用范围不断扩大。软质泡沫塑料大量用于家具垫材、汽车坐垫与顶篷等各种内饰衬垫、复合面料、服装等行业;硬质泡沫塑料主要应用于冰箱、冷柜,并日益向建筑运输等领域发展。在生产技术和产品种类方面,我国聚氨酯泡沫塑料也取得很大进展。软质块状泡沫塑料从拱顶法发泡改为以平顶法发泡和垂直发泡,提高了泡沫塑料的利用率,减少了废料,而且品种日趋多样化,除不同密度与硬度的系列化产品外,还可进一步加工制备复合泡沫塑料、多层贴合泡沫塑料、功能泡沫塑料加黑色泡沫塑料、吸音泡沫塑料、阻燃泡沫塑料、抗静电泡沫塑料、防辐射泡沫塑料、家庭洗涤用仿天然海绵泡沫塑料、网状泡沫塑料等;一些乡镇企业在大力发展适合小批量制品生产的箱式发泡。

随着中国轿车工业的发展,20世纪80年代模塑泡沫塑料发展迅速,化工部黎明化工研究院、江苏省化工研究所、西北橡胶制品研究所、北京泡沫塑料厂、上海延锋汽车内饰件厂、金陵石化公司塑料厂、蓬莱聚氨酯制品厂等相继开发成功高回弹泡沫塑料;低密度无氟高回弹泡沫塑料也引起泡沫塑料行业的密切关注。硬质泡沫塑料的品种不断增加,功能性硬质泡沫塑料也取得进展,化工部黎明化工研究院、江苏省化工研究所、沈阳聚氨酯研究所、烟台合成革总厂、烟台华洋聚氨酯工业公司、秦皇岛第三塑料厂等开发了使用温度达150~160 ℃耐温等级的硬质泡沫塑料。五矿复合材料集团公司研制成功阻燃低烟、耐高温硬质泡沫塑料,氧指数在29以上、烟密度小于50,工作温度上限达200 ℃。常州向阳化工厂与中国船舶工业总公司共同开发了HPEP9118绝热保冷硬质泡沫塑料,已获准用于液化天然气船、化学品船舶等特种船舶中。另外,聚酯型硬质泡沫塑料因其较高的阻燃性和低发烟性以及价格低廉等优点而引起关注,西安有机化工厂的聚酯硬质泡沫塑料已通过技术鉴定。此外,表面覆盖有装饰层的产品精致美观,制成的仿木硬质泡沫塑料用于家具和装饰材料,如浮雕线、腰线、墙裙、灯饰盒、柱头、梁托等发展前景广阔。随着中国经济的发展,预计到2025年,国内聚氨酯市场消费规模将达到1828万吨,复合增长率为7.8%,发展方向集中于生产成本低的低密度化产品。

2.2.3 聚氨酯发泡材料的发展趋势

随着国民经济的高速发展,中国的聚氨酯消费规模提升速度也相当快。2017年中国聚氨酯产品消费量达到1110万吨,较2016年增长约6%。且在欧美发达国家消耗增速较缓而亚太地区需求增长潜力巨大的背景下,较大跨国集团纷纷将其产能及投资重心向亚洲,特别是中国转移,这在推动我国 PU 产业技术更新及产业发展上起到了一定积极的作用;受上述两方面因素影响,国内本土 PU 产业亦进入高速发展期(见图 2-5),各 PU 原料产能均在大幅增长,大大提高了国内需求自给率,然而急速增长的国内产能亦在一定程度上使得各原料产能渐起了过剩风险,如何调节过多产量流向对国内各 PU 原料供应方提出了严苛课题。

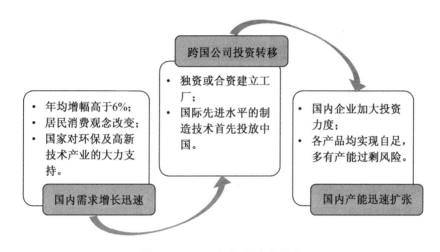

图 2-5 PU 进入高速发展期

在原料产能迅速扩张,国内自给率不断提高的当下,国内 PU 合成材料仍然面临技术相对落后,原料品质相对欠缺等问题。当前从消耗潜力,政府支持等角度看,PU 行业前景仍算乐观,但产业调整仍为必行之举。

对于不断扩张的原料产能,除了积极寻找出口途径外,其上下游产业链的扩展,在原料有利基础上对下游技术研发的投入,自产自用方式消耗多余产能及增加技术服务或对下游用户进行跟进解决问题等方面均不失为未来产业发展必然(见图 2-6)。

以行业分述,当前国内 PU 行业现状多呈现进入门槛不高,产业发展不

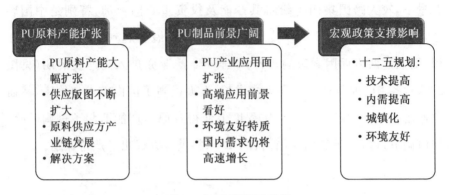

图 2-6　PU 的发展前景

健康状态。软泡行业主要下游仍为软体家具类产品,其出口依存度仍然偏大,包括服装、鞋材等软泡应用下游均受近年来出口下降影响;硬泡领域前景看好,我国有全球最大的建筑市场,随硬泡墙体保温阻燃性能的提高,其市场前景较为乐观;PU 浆料鞋底仍受环保条件限制,其产能过剩现象日益突出;TPU 领域发展前景乐观,但技术更新成为其发展瓶颈,新技术新领域的开发成为包括 TPU 在内的各类高性能替代产品发展的必由之路。

另外,包括 PU 涂料、胶粘剂、弹性体在内的 CASE 领域,水性溶剂环保应用为其发展主要方向(见图 2-7),此类应用的技术及质量要求亦相对较高。

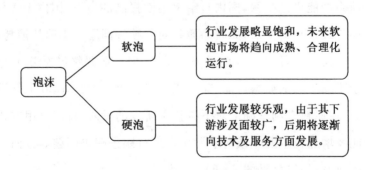

图 2-7　发泡材料的行业发展

　　目前,中国聚氨酯主要原材料产能均已超过全球产能的三分之一,成为全球最大的聚氨酯原材料制品生产基地,原材料产值达到600亿元,制品产值达到3200亿元。目前国内PU区域分布格局已逐渐形成四大板块:一是以上海为中心的长三角地区,该地区聚氨酯原料及其制品目前已占国内半壁江山;二是以广州为中心的珠三角地区,该地区是国内聚氨酯产品和外贸较为发达的地区;三是以葫芦岛为中心的环渤海和东北地区,这里最大的优势是化工基础雄厚,产业规划宏伟,聚氨酯产品品种多、产量大;四是以兰州为中心的西北地区,将形成下游聚氨酯产品产业链。未来国内聚氨酯生产区域分布格局将发生变化,逐步形成六大板块,在目前的基础上增加两个板块:一个是以重庆为中心的西南地区,那里有丰富的化工材料资源;另一个是以泉州为中心的海峡西岸地区,该区域是目前国内聚氨酯鞋业和外贸加工最为活跃的地区之一。

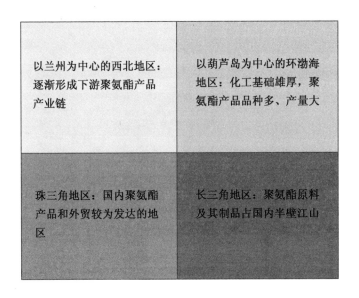

图2-8　中国聚氨酯生产区域分布现状

聚氨酯材料以其优异的性能广泛应用于各个领域,日渐成为人类生活中重要的合成材料。目前,世界聚氨酯工业正向适应环境保护、安全卫生、资源回收等方向发展。我国聚氨酯工业也显示了较快的增长势头,技术开发也取得了很大的进展。随着聚氨酯用途的逐渐拓展和人类环保意识的不断增强,发掘新的可生物降解和高性能、多功能的聚氨酯材料仍是今后研究的重要领域。

3　聚氨酯发泡材料试验

3.1　试验规范与试验条件

2020 年国内聚氨酯材料的产量与消费量分别为 1470 万吨与 1240 万吨。2006 年,中国建筑材料联合会提出编制"聚氨酯材料"国家行业标准的申请,国家发改委下达［2006］1093 号文件批准《聚氨酯材料》国家行业标准编制计划。该行业标准由苏州非金属矿工业设计研究院、建筑材料工业技术监督研究中心负责组织有关生产企业、科研单位、质检机构等进行起草。目前标准已由中华人民共和国工业和信息化部批准。

本书试验是按《聚氨酯材料》标准来组织实施的。

标准试验条件为常温(23±2)℃,相对湿度(50±10)％;养护室条件为温度(20±2)℃,相对湿度(60±15)％。所检试样在标准试验条件下放置 24h 进行试验。试验用水为符合 GB/T6682-2008 要求的三级水。

3.2 试验材料与试验仪器

根据本次的试验目的及试验研究方案,将选用的试验材料及仪器介绍如下:

3.2.1 试验材料

3.2.1.1 聚氨酯双组分

本次试验所用聚氨酯原材料为江苏省无锡市科招聚氨酯材料有限公司生产的聚氨酯双组分,俗称黑、白料,又称 A、B 双组分。

1. 白料

组合聚醚,又称白料,是合成聚氨酯硬泡的主要原料之一,由聚醚、泡沫稳定剂、交联剂、催化剂、发泡剂(该组合聚醚采用 HCFC - 141b 发泡剂,由于不使用 CFC - 11,基本不破坏臭氧层,全球变暖系数值很小)等多种组分组合而成。如图 3 - 1 所示。

图 3-1 聚氨酯白料

其主要技术指标如表 3-1 所示。

表 3-1 聚氨酯白料的技术指标

类别项目	指标
外 观	棕黄色粘稠液体
粘度(25 ℃,mPa·S)	100~300
密度(20 ℃,g/cm³)	1.10±0.10
乳白时间(s)	15~35
拉丝时间(s)	40~150
不粘时间(s)	60~300
容重(kg/m³)	25~60
抗压强度(Kpa)	≥100
吸水率(g/100 cm³)	≤3
导热系数(W/m.k)	≤0.025
尺寸稳定性(%)	≤1

2. 黑料

多次甲基多苯基异氰酸酯(PM-300),又称黑料,为较高官能度的异氰酸酯与二苯基甲烷二异氰酸酯的混合物,其官能度约为 2.8,且具有较好的低温贮存稳定性,常温下为深棕色液体。如图 3-2 所示。

图 3-2 聚氨酯黑料

其主要物化性能指标见表 3-2。

表 3-2 聚氨酯黑料的物理化学指标

类别项目	指　标
外　观	深棕色液体
粘度(25 ℃)	250～350 mPa·s
比重(25 ℃)	1.22～1.25
NCO%Wt	30.0～32.0
酸分(以 HCL 计)	≤0.05%
闪点 *	230 ℃
燃点 *	245 ℃
蒸气压(40 ℃)	<10^{-4} mmHg

* 用克利夫兰(Cleveland)杯按 ASTM D92 测试

　　由于聚氨酯黑料活泼的化学性质,极易与水分发生反应,生成不溶性的脲类化合物,并放出二氧化碳,造成鼓桶并致粘度增加,因此在试验的过程中,必须保证容器的干燥并严格密封。材料应于室温(25~30 ℃)下于通风良好室内严格密封保存,若贮存温度太低(低于 0 ℃)可导致其中产生结晶现象,因此必须注意防冻。一旦出现结晶,应在使用前于70~80 ℃加热熔化,并充分搅拌均匀。

3.2.1.2　催化剂

　　试验选用的催化剂为三乙醇胺,如图 3-3 所示。

（a）瓶装　　　　　　　　　　　　　（b）盆装

图 3-3　催化剂三乙醇胺

　　其主要指标见表 3-3。

表 3-3　三乙醇胺的性能指标

类别项目	指　　标
分子式	$C_6H_{15}NO_3$
纯　度	分析纯 AR 含量不少于 98%
性　状	无色或淡黄色粘稠状液体,能与水、乙醇相混溶,微溶于乙醚和苯
生产商	徐州建顺化学试剂有限公司

3.2.1.3　稀释剂

试验所用稀释剂为丙酮,如图 3-4 所示。

（a）瓶装　　　　　　　　　　（b）盆装

图 3-4　稀释剂丙酮

其主要性能指标见表 3-4。

表 3-4 丙酮主要性能指标

类别项目	指　标
分子式	CH_3COCH_3
分子量	58.08
性　状	无色透明液体,具有特殊臭味、易燃,能与水、醇及多种有机溶剂互溶
生产商	上海化试科技有限公司

3.2.1.4　发泡剂

试验所选的发泡剂为徐州市政管网自来水。

3.2.2　主要仪器及其他工具

本试验所用的主要仪器如图 3-5 所示,主要有:电子万能试验机;101A-1 型电热鼓风干燥机;HSBY-40B 型恒温恒湿养护箱。

　(a)电子万能试验机　　　　(b)电热鼓风干燥机　　　　(c)恒温恒湿养护箱

图 3-5　试验主要仪器

试验中所需其他工具如图 3-6 所示,主要有:20 mL、10 mL、5 mL 医用注射器(取下针头部分)各若干;钢锯;筷子(代替搅拌棒功能);滤纸;橡胶手套;游标卡尺;纸杯;电子天平(感量为 0.1 g)。

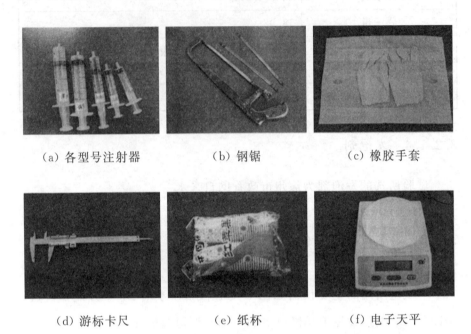

(a) 各型号注射器　　　(b) 钢锯　　　(c) 橡胶手套

(d) 游标卡尺　　　(e) 纸杯　　　(f) 电子天平

图 3-6　试验所需其他器具

3.3 模具与试块的制作

3.3.1 模具的制作

目前,针对硬泡聚氨酯所采用的模具各不相同。本试验的模具是根据《聚氨酯材料》标准在徐州模具厂加工制作完成的。具体制作方法步骤如下:

1. 柱身的制作:用车床加工一个 Φ85 mm×80 mm 的圆钢,在圆钢中心钻直径为 50 mm 的圆孔,沿圆孔的径向做线切割,分成均匀的两半。分别在两圆槽的侧面及底部钻孔,用螺丝将两圆槽固定。

2. 底座的制作:用车床加工一个 100 mm×100 mm×10 mm 的方形钢板,在钢板与柱身圆槽底部圆孔对应位置钻孔,用螺丝将柱身与底座固定。

试验模具及其拆解见图 3-7。

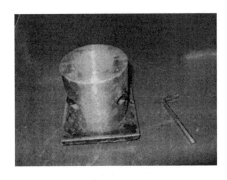
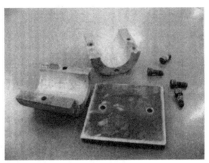

(a)组装　　　　　　　　　　(b)拆解

图 3-7　试验模具及拆解

3.3.2 试块的制作

3.3.2.1 物理性能试验试块的制作

根据进行试验所需各试验材料的用量,用密度公式换算为体积后,用适当的注射器吸取计算得出的体积数的各组分注入纸杯中进行发泡试验。

3.3.2.2 力学性能试验试块的制作

试验开始前,先将柱身及与底座相连的螺丝拧开,在两半圆槽内壁及底座上表面垫上一层报纸,在两圆槽及与底座的结合处也垫上,以起到密封的作用。用螺丝将两圆槽及底座固定,然后用适当的注射器抽取适量的试验材料注入模具中进行发泡试验。等发泡反应完成后,取出试块,用钢锯将试块切成 $\Phi 50 \text{ mm} \times 50 \text{ mm}$ 的力学性能试验试块。

制作的试块如图 3-8 所示。

(a) 脱模后的试块

（b）切割后的试块

图 3-8　试块制作

3.4　试验方案设计

本书试验方案通过改变已选用的聚氨酯硬泡双组分的比例和外加助剂的掺量，来研究发泡体的各种物理和力学性能的变化。

3.4.1　基本参数的测定

按如下步骤进行基本参数的测定。

1. 分别用电子天平测得 5 mL、10 mL、20 mL 注射器、试验所用纸杯的质量分别为 5.2 g、8.5 g、14 g、3.4 g；用补水法测得纸杯的体积为

230 mL。

2. 测定各试验材料密度的具体计算过程及数据见表3-5。

表3-5 各组分的密度

组分名称	注射器型号	m 注射器（g）	V 溶液（mL）	m 注射器＋溶液（g）	密度（g/mL）
黑 料	20 mL	14	20	38.7	1.24
白 料	20 mL	14	20	36.6	1.13
丙 酮	10 mL	8.5	5	12.5	0.8
三乙醇胺	5 mL	5.2	4	9.7	1.1
水	5 mL	5.2	5	10.2	1

在进行试验时,可根据需要的发泡体各组分的质量,按密度公式(3-1)换算为相应的体积,然后用合适的注射器抽取计算出的体积数进行操作。

3. 正式试验开始前,笔者做了多组试验,黑白料用量从20 g逐步减少,最终确定当双组分用量均15 g时能将模具及纸杯发满。发泡过程如图3-9所示。

（a）发泡一分钟　　（b）发泡三分钟　　（c）发泡十分钟

图3-9 发泡过程

3.4.2 试验方案

由于没有现成的资料可供参考,故先做预发泡试验,大致确定试验各组分材料的最大用量范围,然后根据预发泡试验结果再做扩大发泡试验。

3.4.2.1 预发泡试验

分别将黑白料以 15∶18,15∶15,18∶15(质量比,单位 g)混合进行发泡试验,并编号为 Y-1,Y-2,Y-3;固定黑料∶白料=1∶1(质量比),分别加入 0.5%、1%、1.5%(以黑白料用量之和为基数)的三乙醇胺和水,10%、15%、20%的丙酮进行试验,并编号为 Y-4,Y-5,Y-6,Y-7,Y-8,Y-9,Y-10,Y-11,Y-12。

3.4.2.2 扩大发泡试验

根据预发泡试验结果,依次加白料用量的 70%、90%、110%、130%的黑料进行无任何外加助剂的发泡试验,并编号为 K-1,K-2,K-3,K-4;固定黑料∶白料=1∶1(质量比),分别加 0.7%、1.2%的三乙醇胺和水,2%、5%、7%的丙酮(以黑白料用量之和为基数)进行发泡试验,并编号为 K-5,K-6,K-7,K-8,K-9,K-10,K-11。具体试验安排见表 3-6。

部分预发泡及扩大发泡成型的固体如图 3-10 所示。

　（a）Y-8　　　　　　　（b）Y-11　　　　　（c）发泡后固体

图 3-10　系列发泡成型的固体

由图 3-10(a)和(b)可以看出,Y-8 不能很好地固化成型,当采用 Y-11 的配比时泡沫体已经严重变形,可以预料再扩大配比的 Y-9 和 Y-12 不可用,故决定不再做 Y-8、Y-9 和 Y-12 的各项物理力学性能试验。

综合以上,本部分研究的内容为硬泡聚氨酯材料的密度、发泡倍数、吸水率、抗压强度、弹性模量等物理、力学性能。试验方案如表 3-6。

表 3-6　试验方案表

编号	说明	添加百分比	密度	发泡倍数	吸水率	抗压强度/弹性模量
K-1	无任何外加助剂,添加不同百分比(以白料用量为基准)的黑料进行试验	70%	√	√	√	√
Y-3		80%	√	√	√	√
K-2		90%	√	√	√	√
Y-2		100%	√	√	√	√
K-3		110%	√	√	√	√
Y-1		120%	√	√	√	√
K-4		130%	√	√	√	√

（续表）

编号	说明	添加百分比	密度	发泡倍数	吸水率	抗压强度/弹性模量
Y-4	黑白料用量1∶1，添加不同百分比（以黑白料用量之和为基准）的三乙醇胺试验	0.5%	√	√	√	√
K-6		0.7%	√	√	√	√
Y-5		1.0%	√	√	√	√
K-7		1.2%	√	√	√	√
Y-6		1.5%	√	√	√	√
K-8	黑白料用量1∶1，添加不同百分比（以黑白料用量之和为基准）的丙酮进行试验	2%	√	√	√	√
K-9		5%	√	√	√	√
K-10		7%	√	√	√	√
Y-7		10%	√	√	√	√
Y-8		15%				
Y-9		20%				
Y-10	黑白料用量1∶1，添加不同百分比（以黑白料用量之和为基准）的水进行试验	0.5%	√	√	√	√
K-12		0.7%	√	√	√	√
Y-11		1.0%	√	√	√	√
K-11		1.2%	√	√	√	√
Y-12		1.5%				

注：① 编号中第一位字母"Y"表示预发泡试验，"K"表示扩大发泡试验；② "√"表示进行此项研究。

3.5 试验和测试方法

3.5.1 密度试验方法

密度是指在标准试验条件下,将一定比例的聚氨酯各组分混合,经充分反应后,泡沫体质量与体积的比值。用公式(3-1)来计算:

$$\rho = \frac{m}{v} \qquad (3-1)$$

式中 ρ —试块密度;

m —试块质量;

v —试块体积。

发泡体质量可用电子天平直接称量得到。发泡后体积若小于纸杯体积,可用补水方法测得发泡体体积;若大于纸杯体积,可将试块沿纸杯口切开,切下部分用排水方法测得体积,与纸杯体积相加得到发泡体体积。

3.5.2 发泡倍数试验方法

发泡倍数指在标准试验条件下,将一定比例的聚氨酯各组分混合,经充分反应后,形成的泡沫状固结体相对于原浆液的体积增长倍数。用公式(3-2)计算:

$$f = \frac{v_1}{v_2} \qquad (3-2)$$

式中 f ——发泡倍数；

　　v_1 ——聚氨酯泡沫固结体的体积；

　　v_2 ——原浆液的体积。

为方便计算,本试验中以所添加的聚氨酯各组分的体积之和来近似表示原浆液的体积,进而进行计算。若忽略发泡过程中逃逸的小部分气体,则可认为在反应前后的质量是相等的,公式(3-2)可表示为如下分式:

$$f = \frac{v_1}{v_2} = \frac{\dfrac{m}{\rho_1}}{\dfrac{m}{\rho_2}} = \frac{\rho_1}{\rho_2} \qquad (3-3)$$

式中 ρ_1 ——聚氨酯泡沫固结体的密度；

　　ρ_2 ——原浆液的密度。

3.5.3　抗压强度试验方法

在标准试验条件下,将一定比例的聚氨酯各组分注入加工的模具中,制成 Φ50 mm×50 mm 固结体,放置 168 h(7 d)后根据《聚氨酯材料》标准,按《塑料压缩性能试验方法》(GB/T1041-1992)进行抗压强度试验,试件表面应平整、无气泡、两端面必须与主轴面垂直。试块制备好之后,对试块按如下步骤进行试验:

1. 启动万能试验机和附带的计算机后,启动计算机中的程序,选择联机命令,使试验机与计算机连接。

2. 在试样录入中,选择合适于试验材料的试验类型,并输入试件的直径(单位为 mm)。

3. 将试件放在试验机的底座上,调整底座处于水平状态,并使试件的中心与试验机的中心对准。用远程控制盒缓慢调节万能试验机横梁的下降速度,使横梁缓慢下降,当试件与横梁刚好接触时,将计算机中压力及位移读数调整为零。

4. 在软件参数设置中设置试验机横梁的下降速度(在本试验中保持轴向变形速率为1 mm/min),调节升降台的上升速度,输入试验初始应力50 N。

5. 点击软件中的开始命令开始抗压试验。观察图中压力的变化,当计算机中压力读数出现峰值时,继续进行 3%~5% 的试验后停止试验;当读数无峰值时,试验应进行到应变达 20% 时为止。

6. 试验停止后,保存试验数据。

7. 按公式(3-4)计算试件的抗压强度(结果精确到 0.1 MPa):

$$f_p = \frac{F}{A} \qquad (3-4)$$

式中:f_p—硬泡聚氨酯试件的抗压强度(MPa);

　　　F—试件的破坏荷载(N);

　　　A—试件的承压面积(mm^2)。

抗压强度试验如图 3-11 所示。

图 3-11　抗压强度试验现场

3.6　试验结果分析

3.6.1　不同 A 料掺量时各指标的试验

不同 A 料掺量时各指标的试验结果见表 3-7。

表 3-7　不同 A 料掺量时的试验结果

序号	试件编号	A料（%）	密度（kg/m³）	发泡倍数	吸水率（%）	抗压强度（MPa）	弹性模量（MPa）
1	K-1	70	162.5	7.430	1.65	3.827	3 752.5
2	Y-3	80	153.6	7.643	1.36	2.574	2 368.2

（续表）

序号	试件编号	A料（%）	密度（kg/m³）	发泡倍数	吸水率（%）	抗压强度（MPa）	弹性模量（MPa）
3	K-2	90	163.5	6.835	1.53	3.293	2 461.6
4	Y-2	100	179.9	6.464	1.01	2.573	3 895.7
5	K-3	110	149.4	7.855	1.86	3.647	2 317.1
6	Y-1	120	171.8	6.765	1.15	2.694	3 217.9
7	K-4	130	185.1	6.233	1.12	6.287	4 320.3

试验结果分析：

以 A 料掺量为横坐标，以泡沫体的密度、发泡倍数、吸水率、抗压强度和弹性模量等指标为纵坐标，根据表 3-7，绘制不同 A 料掺量时泡沫体各试验指标的变化曲线，如图 3-12 所示。

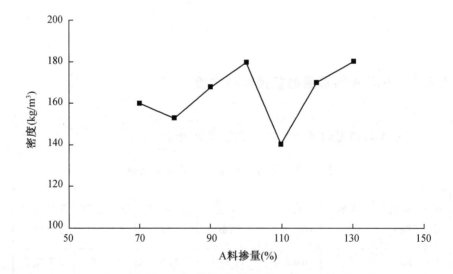

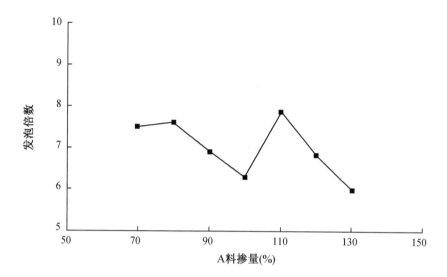

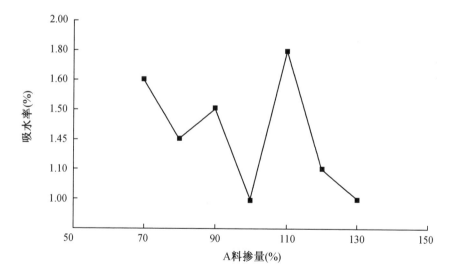

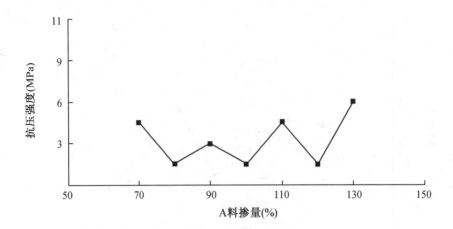

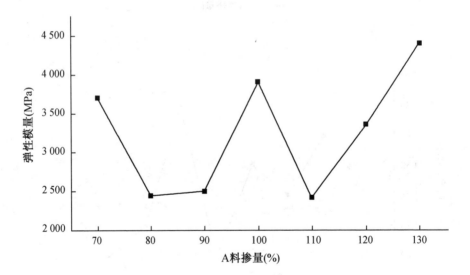

图 3-12 不同 A 料掺量时各指标的变化曲线

由图 3-12 可以看出,随着 A 料掺量变化,泡沫体的密度、抗压强度和弹性模量的总体变化趋势相同,发泡倍数和吸水率的总体变化趋势相同,而两类参数的变化趋势大致相反。

A 料中主要为多异氰酸酯,B 料主要是多元醇、交联剂、催化剂、物理发泡剂、泡沫稳定剂等的集合。当 A 料掺量偏少(70%～80%)时,发泡反应中产生的泡体较大,且速度较快,还没及时被交联剂固化等原因导致泡沫体密度变小;当 A 料掺量变大(80%～100%)时,由于发泡反应所产生的泡体被交联剂固化,阻碍了泡孔的进一步变大,从而导致泡沫体密度变大;当 A 料掺量偏大(100%～110%)时,由于多异氰酸酯过量,发泡反应所产生的泡孔不能被交联剂交联,泡沫体体积变大,导致密度变小;当 A 料掺量进一步变大(110%～130%)时,A 料严重过量,使得泡沫体的质量进一步变大,同时 B 料用量不变,导致泡沫体泡孔并未变多,从而导致泡沫体的密度变大。

实际上,当 A 料掺量大于 110% 或小于 80% 时,即 A 料或 B 料严重过量时,泡沫体由于过量不能充分反应,所产生泡孔的数量是一定的,泡沫体密度的增大是材料用量的增加而导致的,这时制得的泡沫体已很不经济。

当材料用量在合理范围内,A 料掺量为 100% 时,泡沫体密度、抗压强度、弹性模量最大,而发泡倍数和吸水率最小;掺量为 110% 时泡沫体密度、抗压强度、弹性模量和吸水率最大。

3.6.2 不同三乙醇胺掺量时各指标的试验

不同三乙醇胺掺量时各指标的试验结果见表 3-8。

表 3-8 不同三乙醇胺掺量时的试验结果

序号	试件编号	三乙醇胺（%）	密度（kg/m³）	发泡倍数	吸水率（%）	抗压强度（MPa）	弹性模量（MPa）
1	Y-4	0.5	0.103	11.33	2.87	0.828	1 614.3
2	K-6	0.7	0.087	13.50	3.51	1.035	1 357.1
3	Y-5	1.0	0.063	19.24	4.72	0.463	686.4
4	K-7	1.2	0.08	17.44	4.20	0.825	1 365.3
5	Y-6	1.5	0.057	21.09	4.63	0.314	653.8

试验结果分析：

以三乙醇胺掺量为横坐标，以泡沫体的密度、发泡倍数、吸水率、抗压强度和弹性模量等指标为纵坐标，根据表 3-8 绘制不同三乙醇胺掺量时泡沫体各试验指标的变化曲线，如图 3-13 所示。

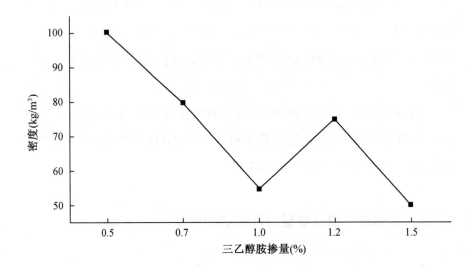

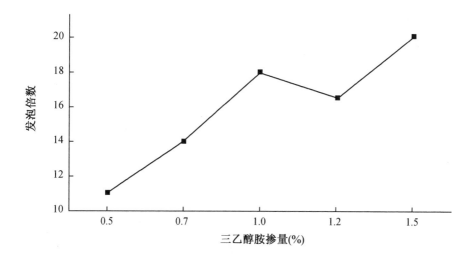

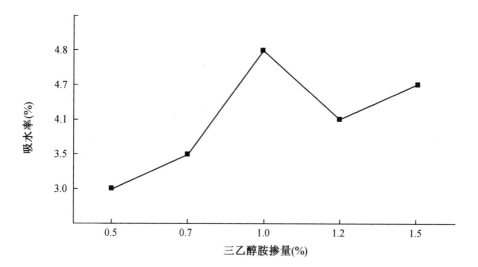

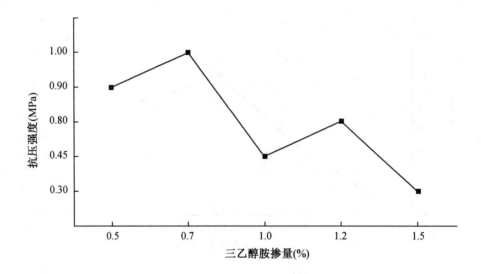

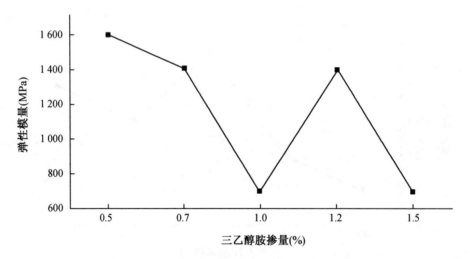

图 3 - 13　不同三乙醇胺掺量时各试验指标的变化曲线

由图 3-13 可以看出,随着三乙醇胺掺量变化,泡沫体的密度、抗压强度和弹性模量的总体变化趋势相同,发泡倍数和吸水率的总体变化趋势相同,两类参数的变化趋势大致相反。

三乙醇胺在聚氨酯 AB 料发泡反应过程中起催化和交联作用。当三乙醇胺掺量较少(0.5%～1%)时,发泡反应强于交联反应,产生 CO_2 变快,泡孔变大,同等体积内气体所占比例上升,导致泡沫体密度的急剧下降;当三乙醇胺掺量较大(1%～1.5%)时,三乙醇胺的交联作用变强,反应初期体系粘度迅速上升,泡孔形成后难以长大,孔径变小,促使了泡沫体密度增大。

在聚氨酯 AB 料用量保持在 1:1 的情况下,当三乙醇胺掺量为 0.5% 时,泡沫体的密度、抗压强度和弹性模量最大,而吸水率和发泡倍数最小;掺量为 1.5% 时,泡沫体的密度、抗压强度和弹性模量最小,而吸水率和发泡倍数最大。

3.6.3 不同丙酮掺量对各指标的影响

不同丙酮掺量时各指标的试验结果见表 3-9。

表 3-9 不同丙酮掺量时的试验结果

序号	试件编号	丙酮(%)	密度(kg/m³)	发泡倍数	吸水率(%)	抗压强度(MPa)	弹性模量(MPa)
1	K-8	2	0.074	15.62	3.26	0.721	1328.7
2	K-9	5	0.067	17.10	4.05	0.656	746.1
3	K-10	7	0.059	18.58	4.64	0.437	968.5
4	Y-7	10	0.054	19.08	5.38	0.372	648.8

试验结果分析：

以丙酮掺量为横坐标，以泡沫体的密度、发泡倍数、吸水率、抗压强度和弹性模量等指标为纵坐标，根据表 3 - 9 绘制不同丙酮掺量时泡沫体各试验指标的变化曲线，如图 3 - 14 所示。

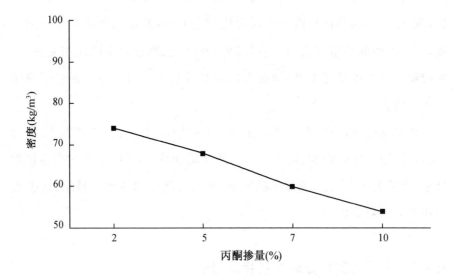

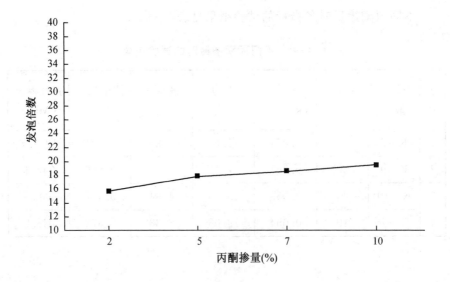

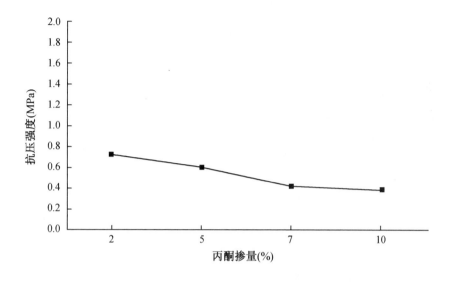

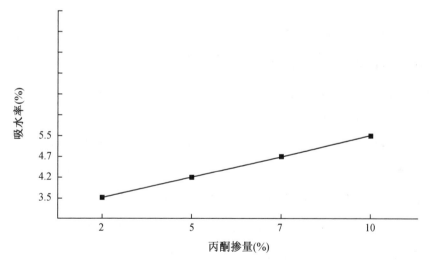

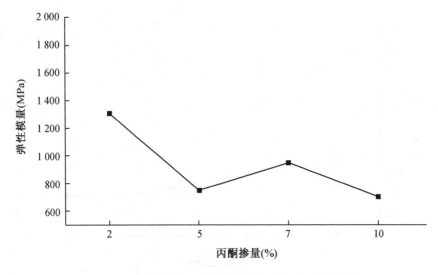

图 3-14　不同丙酮掺量时各试验指标的变化曲线

由图 3-14 可以看出,随着丙酮掺量变化,泡沫体的密度、抗压强度和弹性模量的总体变化趋势相同,发泡倍数和吸水率的总体变化趋势相同,而两类参数的变化趋势大致相反。

丙酮不参与聚氨酯的发泡反应,但丙酮易挥发,在发泡反应过程中放出热量的作用下汽化,增加泡沫体的体积,导致泡沫体的密度减小。当丙酮掺量较少(2％～5％)时,黑白料发泡反应所放出的热量能够完全汽化丙酮,并且不阻碍黑料中物理发泡剂的汽化;当丙酮掺量变大(5％～10％)时,AB料发泡反应放出的热量被丙酮汽化吸收较多,阻碍了 B 料中物理发泡剂的汽化,导致泡沫体体积增大变缓,密度下降放缓。

在聚氨酯 AB 料用量比例保持在 1∶1 的情况下,当掺量增加到 10％时,泡沫体流动性太大,不能很好凝固成型。当丙酮掺量为 2％时,泡沫体密度、抗压强度和弹性模量最大,而发泡倍数和吸水率最小;当掺量为

10％时,泡沫体密度、抗压强度和弹性模量最小,而发泡倍数和吸水率最大。

3.6.4 不同水掺量对各指标的影响

不同水掺量时各指标的试验结果见表 3-10。

表 3-10 不同水掺量时的试验结果

序号	试件编号	水（％）	密度（g/cm³）	发泡倍数	吸水率（％）	抗压强度（MPa）	弹性模量（MPa）
1	Y-10	0.5	0.045	25.72	5.73	0.394	927.1
2	K-12	0.7	0.050	22.79	5.58	0.824	579.5
3	Y-11	1.0	0.042	27.62	5.36	0.485	896.3
4	K-11	1.2	0.041	27.86	5.29	0.254	538.6

试验结果分析:

以水掺量为横坐标,以泡沫体的密度、发泡倍数、吸水率、抗压强度和弹性模量等指标为纵坐标,根据表 3-10 绘制不同水掺量时泡沫体各试验指标的变化曲线,如图 3-15 所示。

由图 3-15 可以看出,随着水掺量变化,泡沫体的密度和抗压强度的总体变化趋势相同,发泡倍数和两者的变化趋势大致相反;泡沫体的吸水率大致呈直线下降的趋势,而弹性模量则是折线型变化。

水在聚氨酯 AB 料发泡反应过程中起化学发泡作用,它与多异氰酸酯反应生成 CO_2 气体,使泡沫体的体积发生了变化。当水的用量较少 (0.5％ ～0.7％)时,化学发泡剂水反应所产生的气体能够很好地被白料中的交联剂交联,阻碍泡孔变大,导致泡沫体密度缓慢变大;当水的用量变大(0.7%～1.2%)时,气体的过量使之不能被交联,导致密度变小。

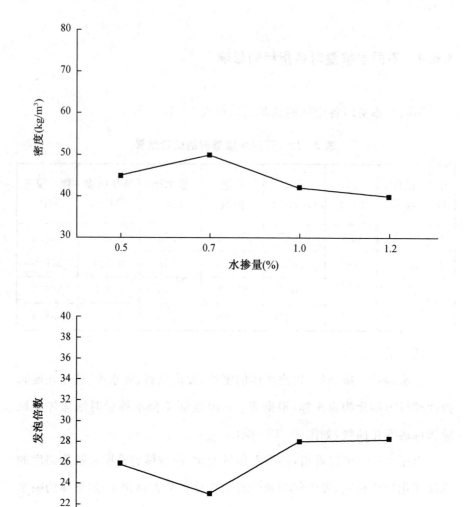

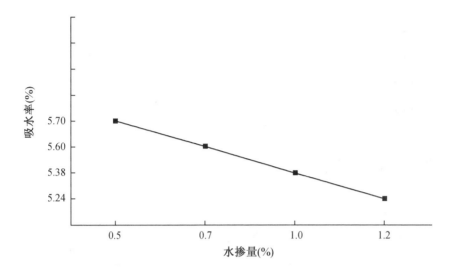

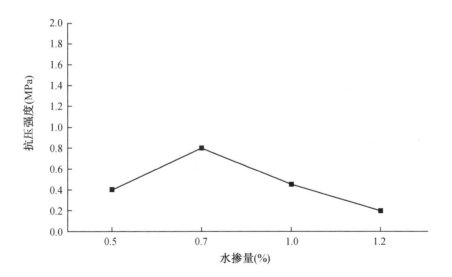

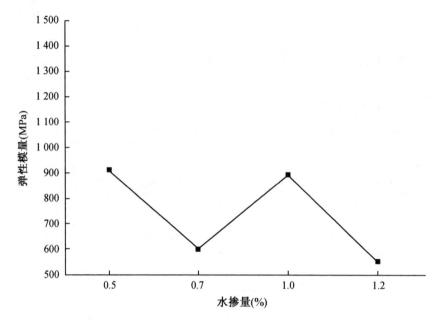

图 3－15　不同水掺量时各试验指标的变化曲线

在聚氨酯 AB 料用量比例保持在 1∶1 的情况下，当水掺量为 0.7％时，泡沫体的密度和抗压强度最大，而发泡倍数最小；当水掺量为 1.2％时，泡沫体的密度和抗压强度最小，而发泡倍数最大；当水掺量为 0.5％时，吸水率和弹性模量最大；当水掺量为 1.2％时，吸水率和弹性模量最小。

综上，通过改变聚氨酯双组分比例、添加不同比例的三乙醇胺、丙酮和水，对所发泡的泡沫体的物理与力学性能进行试验和研究，得出的主要研究成果与结论如下：

1. 各组分不同比例发泡时泡沫体密度变化规律

（1）仅用 A、B 料双组分进行发泡时，用量比为 1∶1 时泡沫体的密度最大且最经济；其中任一组分过量时都会导致密度变小且 A 料过量时对密度变化影响明显；当 A 料用量小于 0.8％或大于 110％时，由于材料严重过量，反应不完全，虽都能使泡沫体密度增大但是不经济。

（2）在聚氨酯 AB 料用量比例保持在 1∶1 的情况下，仅掺入催化交联剂——三乙醇胺时，泡沫体的密度总体上随用量的增加而逐渐变小。但是当用量达到一定程度（1％～1.2％）时，密度会有一小幅上升阶段，之后密度又再次下降。

（3）在聚氨酯 AB 料用量比例保持在 1∶1 的情况下，仅掺入稀释剂——丙酮时，泡沫体的密度随用量的增加而逐渐减小，并且由于丙酮易挥发，用量越多，泡沫体发泡成型后的紧缩现象越明显，当用量超过 10％时，由于流动度过大，泡沫反应后又严重紧缩，不能成型。

（4）在聚氨酯 AB 料用量比例保持在 1∶1 的情况下，仅掺入化学发泡剂——水，且当用水量小于 0.7％时，泡沫体密度随用量增加而增大，之后随用量的增加急剧下降。由于水价格低廉，用它来调整密度较经济。

2. 各组分不同比例发泡时各指标变化相互关系

随着 A 料、三乙醇胺、丙酮和水掺量变化，泡沫体的密度、抗压强度和弹性模量的总体变化趋势相同，发泡倍数和吸水率的总体变化趋势相同，而两类参数的变化趋势大致相反。

4 变色添加剂试验

　　硬质聚氨酯泡沫塑料(RPUP)是指在一定负荷作用下不发生明显形变,当负荷过大发生形变后不能恢复初始状态的泡沫塑料。它是将异氰酸酯、多元醇化合物和各种助剂按一定比例混合,使之进行反应而制得的高分子材料,是聚氨酯材料体系中最重要的品种之一。它具有密度大范围内可调、绝热隔音性能较佳、粘附性强、相对密度低、比模量和比强度高、有较好的化学稳定性等优点;同时合成 RPUF 的原料(主要是多元醇)结构多变,使其性能变化范围广泛,而且加工方式灵活,既可以自由发泡,又可以模塑成型,还可以现场喷涂。正是由于硬质聚氨酯泡沫塑料有上述特性,以聚氨酯为基体,添加不同助剂和填料而得到的防光学侦察、防热红外侦察和防雷达侦察的材料,受到了极大的关注。将经过颜色调配的硬质聚氨酯泡沫塑料喷涂洞库工程等地下工程外部设施的出口、山体护坡、洞库洞口等目标,可模拟天然地表状态,达到"隐真"与"示假"的伪装目的。

4.1 绿色颜料填充聚氨酯泡沫材料试验

4.1.1 试验

4.1.1.1 原料及配比

1. 硬质聚氨酯泡沫塑料的主要原料多异氰酸酯（粗 MDI）：—NCO 含量为 30.2%～32.0%，官能度 2.6～2.7；聚醚多元醇：羟值含 KOH 450 mg/g，粘度 2500 mPa·s(25 ℃)；三乙醇胺(TEA)，化学纯，含量不少于 80%，长沙市有机试剂厂；二月桂酸二丁基锡(DBTDL)，化学纯，Sn 含量不低于 17.2%～19.2%，天津基准化学试剂有限公司；泡沫稳定剂，型号 H-4002，有机硅嵌段共聚物，广东中山东峻化工公司；发泡剂，二氯一氟乙烷(HCFC-141b)，沸点 32 ℃，广州市今鸿贸易有限公司；外脱模剂，DY-N3231，山东大易化工有限公司；绿色颜料，自制。

2. 增强泡沫塑料的配比见表 4-1。在已有研究报道的硬质聚氨酯泡沫塑料配方的基础上，通过设计并做了大量的正交试验，得到了增强硬质聚氨酯泡沫塑料的配方。同时考察了颜料加入量对原料体系粘度的影响，最后选定颜料的加入量范围为 3%～15%。

表 4-1 硬质聚氨酯泡沫塑料的配比

聚醚	异氰酸酯	TEA	DBTDL	稳定剂	发泡剂	颜料
100	140	0.6	0.4	4.5	21	3%～15%

4.1.1.2　主要设备

JJ—I 精密增力电动搅拌器;金属模具:尺寸 10 cm×10 cm×5 cm;电热鼓风干燥箱;红外线测温仪:型号为 DT—8380;电子万能试验机:型号为 INSTRON5567;发射率测试仪:型号 E—55;紫外/可见/近红外分光光度仪:型号 Lamda900。

4.1.1.3　试验过程

采用一步法发泡工艺,具体工艺步骤及条件如下:

1. 在模具内表面擦上一层脱模剂后,放在烘箱中加热至 50 ℃待用。

2. 按照一定的配比准确称量后,将聚醚多元醇、发泡剂、复合催化剂、泡沫稳定剂、颜料加入 200 mL 塑料杯中,用电动搅拌机混合均匀,作为 A 组分。同时另一塑料杯中准确称取粗 MDI 作为 B 组分。

3. 混合。将 B 组分加入 A 组分中,用电动搅拌机充分搅拌(大约 20 s),观察当有气泡发出、泡体发白时,迅速把混合料倒入自制模具中发泡、固化成型。

4. 熟化。将模具及其中的聚氨酯泡沫一同放入烘箱中,在 100 ℃下固化 4 h,主要是为了增加硬质聚氨酯泡沫塑料的交联密度,以提高其力学性能。

5. 制样。开模取出样品,去掉表面脱模剂皮层,得到填充的一定密度的硬质聚氨酯泡沫塑料。

4.1.1.4　工艺参数

发泡料的初始温度:30 ℃;转速:2000 r/min;模具温度:46 ℃;熟化条件:100 ℃保温 4 h。

4.1.1.5　性能测试

1. 表观密度:参照 GB/T6343—1995 标准测定。
2. 压缩强度:参照 GB8813—88 标准测定。

4.1.2　结果与讨论

4.1.2.1　异氰酸酯和聚醚多元醇的配比对泡沫塑料性能的影响

异氰酸酯和聚醚多元醇作为反应的主要原料,其用量比决定了体系的反应是否充分、泡沫塑料的泡孔结构以及树脂基本结构。试验中助剂的加入量不变,进行异氰酸酯和聚醚多元醇的不同配比试验,通过发泡反应参数的对比、表观密度的计算、压缩强度的测试,确定出二者合适的配比。表4－2和表4－3分别为异氰酸酯和聚醚多元醇的不同配比配方及性能参数。

表 4－2　异氰酸酯和聚醚多元醇的不同配比配方

聚醚/ 份	异氰酸酯/ 份	TEA/ 份	DBTDL/ 份	稳定剂/ 份	发泡剂/ 份
100	80	0.6	0.4	4.5	21
100	90	0.6	0.4	4.5	21
100	100	0.6	0.4	4.5	21
100	110	0.6	0.4	4.5	21
100	120	0.6	0.4	4.5	21

表 4-3 不同配比配方泡沫的性能参数

原料组成		发泡反应参数			硬泡性能	
聚醚/份	MDI/份	乳白时间/s	拉丝时间/s	不粘时间/s	表观密度/(kg/m³)	压缩强度/kPa
100	80	12	36	48	37.2	92.3
100	90	14	40	56	38.5	99.8
100	100	15	42	58	40.6	104.6
100	110	15	39	54	41.2	109.3
100	120	18	40	54	42.4	102.1

由表 4-3 可以看出,表 4-2 中配比为 100:100 配方试样的表观密度最合适,且发泡反应参数最为理想,有利于发泡料的充分搅拌。100:110 的配方试样的压缩强度值最大,但同时通过试验观察发现 100:110、100:120 两个配比都出现不同程度的沉降现象,产生沉降的原因除了异氰酸酯和聚醚多元醇相容性差外,还有工艺和配方上的影响。工艺上主要是在反应过程中,如果搅拌的程度不够,相容性差的两种组分,密度上的差异必然导致密度较大的异氰酸酯发生沉降,而在配方上主要是二者的配比不合适,反应不完全,产生沉降。因此从配方和性能上考虑,100:100 配方中聚醚多元醇与异氰酸酯的配比比较合适,能够使反应充分完成,性能也达到最佳。

4.1.2.2 后熟化温度和时间的影响

将制备的试样放入烘箱,在 100 ℃下进行后熟化试验,放置 2 天之后再进行性能测试。图 4-1 为不同的熟化时间对试样压缩强度的影响曲线。

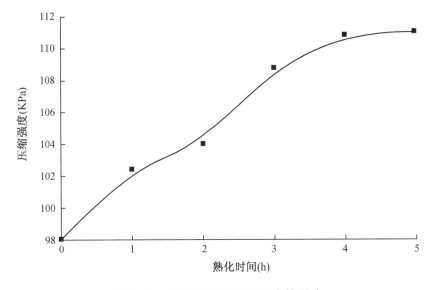

图 4-1　熟化时间对压缩强度的影响

　　由图 4-1 可以看出,试样的压缩强度随熟化时间的增加逐渐增大。当熟化 4 h 后,试样达到应有的压缩强度。后熟化条件对试样的性能影响很大,这是因为对聚氨酯泡沫来说,制品性能不仅取决于选用的化学体系和异氰酸酯指数等因素,而且与异氰酸酯和多元醇反应及交联程度有关,即与氢键、脲基甲酸酯和缩二脲的形成有关,这些因素受到异氰酸酯和催化剂的影响,也受后熟化条件的影响。一定温度下,如果熟化时间不够,导致熟化不充分,泡沫塑料就达不到应有的强度。

4.1.2.3　颜料含量对表观密度的影响

　　未加颜料的泡沫试样表观密度为 $40.6\ kg/m^3$。试验中通过在试样中加入不同含量密度较高的颜料制备出了不同密度的泡沫塑料。图4-2为加入不同质量分数的颜料与试样表观密度的关系曲线。

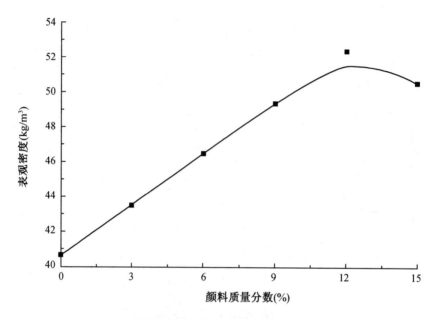

图 4-2 不同质量分数的颜料对表观密度的影响

由图 4-2 可以看出,试样的密度随颜料加入量的增加逐渐增大。其中,当颜料含量为 12% 时,表观密度达到最大值,继续增加含量为 15% 时,表观密度反而下降。这是由两个原因造成的:其一,颜料本身的密度大于泡沫基体的密度,根据复合材料所显示的最典型的平均复合效应,增强泡沫体的密度必定大于纯聚氨酯泡沫塑料的密度;其二,颜料主要分布在泡孔的支柱处,限制了泡孔在自由发泡过程中拉伸。发泡时,由于颜料粒径较小,核化过程中,在一定程度上起到了成核剂的作用,增加了气泡的浓度,气泡密集起来,从而使密度增加。而当颜料加入量过量,引起发泡料粘度过大,颜料分布不均匀,试样的性能受到影响,导致密度下降。当颜料加入量为 12% 时,试样的密度为 52.6 kg/m³。

4.1.2.4 颜料含量对压缩强度的影响

用于工程伪装的泡沫材料,不但要有一定的伪装性能,而且必须具有良好的力学性能,要求有一定的强度、刚度和韧性。发泡料中加入颜料作为刚性粒子承受了部分载荷,提高了基体的强度。图 4-3 为加入不同含量的颜料与压缩强度的关系曲线。

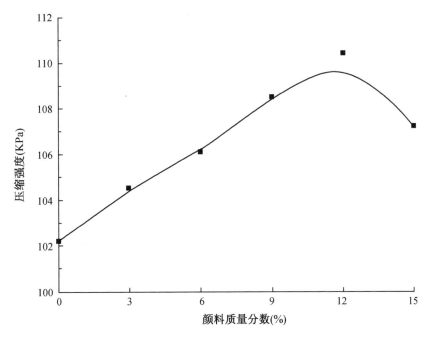

图 4-3 不同质量分数的颜料对压缩强度的影响

由图 4-3 可以看出,硬质泡沫塑料的压缩强度随颜料含量的增加而增大,当含量为 12% 时,压缩强度达到最大值,继续增加含量,强度反而下降。这是因为当颜料含量小于 12% 时,随含量的增加,颜料可以均匀分散于泡孔间空隙,使得基体部分密度增加,提高了泡沫塑料的压缩性能。而当含量超过 12％时，由于体系粘度增大，搅拌较困难，颜料分散不均匀，并且所制得的材料内部不规则，大泡孔数量增加，材料的脆性较大。

4.1.2.5 颜料含量对反射率的影响

可见光隐身的方法/手段是减少物体与背景之间的亮度、色彩和运动的对比特征等，达到对物体视觉信号的控制，以此来降低可见光探测系统发现物体的概率。其中物体与背景之间的亮度比是最主要的因素。物体亮度与背景亮度对比差距越大，就越容易被视觉探测发现。隐身材料的影响因素很多，其中颜料粉体是影响隐身性能的最关键因素。试验选用自制绿色无机粉体颜料作为填料，根据测试要求，制备出不同片状试样，测试其反射率变化情况。图 4 - 4 为加入不同质量分数的颜料与试样反射率的关系曲线。图中 1 为绿色植物反射谱线，2、3、4 分别为颜料加入质量分数为 3％、9％、12％的泡沫反射率曲线。

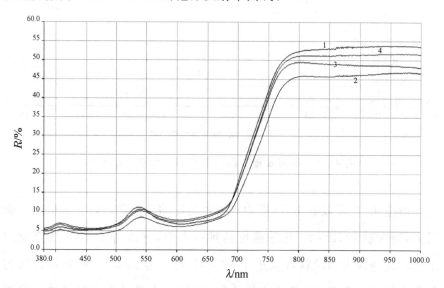

图 4 - 4 泡沫的光谱反射率

　　由图 4-4 可以看出:在可见光区,试样反射率曲线与绿色植物反射谱线很接近,光学隐身性能好。在 700～800 nm 波段,随着颜料加入量的增加,试样的反射率逐渐增大。当颜料加入量为 12% 时,试样的反射率曲线几乎与绿色植物反射谱线重合,反射率最高为 51.2%。在可见光区和近红外光区,泡沫试样具有良好的隐身性能。

4.1.2.6　颜料含量对发射率的影响

　　根据斯蒂芬-玻耳兹曼定律以及发射率的定义,一个物体在全波长范围内发射的总功率为 $W = \varepsilon \delta T^4$,其中:$\varepsilon$ 为发射率;δ 为斯蒂芬-玻耳兹曼常数;T 为温度。

　　由此可见,材料的红外辐射特性取决于材料的温度和发射率。红外成像系统依靠探测物体与背景的辐射差别来发现和识别物体。因此热红外隐身主要有降低物体发射率和降低自身温度两条途径。试验选用的绿色无机粉体颜料满足光学隐身的要求。着色颜料的加入,一般都会提高体系的发射率。图 4-5 为添加不同质量分数的颜料对体系发射率影响的结果。图中 1、2、3 分别为颜料加入量为 12%、9%、3% 的试样发射率曲线。

　　由图 4-5 可以看出:在 8～14 μm 波段,随着颜料含量的增加试样的发射率提高。原因是颜料粒子在泡沫试样中起到了成核作用。添加少量的颜料,颜料在泡沫体系中分散均匀,聚集粒子较少,光线可以透过或者在泡沫试样内部没有产生多次反射,而随着颜料含量的增加,可能发生粒子堆积使光线在其内部产生多次反射,使得在内部的吸收增加,而根据 Kirchhoff 定律,吸收小的材料,其发射率也比较小。由红外公式得:$\gamma(\lambda) = \pi r^2 M S(\lambda)$,式中 $\gamma(\lambda)$ 为散射系数,r 为粒子半径,M 为散射粒子浓度,$S(\lambda)$ 为散射平均总截面积。所以随着颜料含量的增加,粉体粒径增

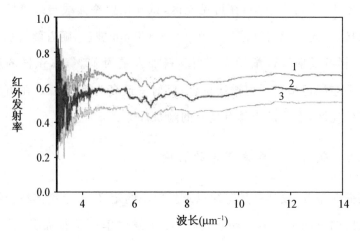

图 4－5　泡沫的红外线发射率

大,散射系数整体上是减小的,体系对红外辐射的散射比较少,吸收比较多,使得其红外发射率增大。

4.2　黑色颜料填充聚氨酯泡沫材料试验

4.2.1　试验部分

4.2.1.1　试验原料

聚醚多元醇(工业品,黎明化工研究院);MDI(工业品,进口);3,3—二氯—4,4—二氨基二苯基甲烷(MOCA)(工业品,苏州凌云);炭黑(工业品);黑色颜料(工业品)。

4.2.1.2 预聚体的制备

在装有搅拌器、控温仪、真空接口的三口烧瓶中,加入定量的聚醚多元醇,100 ℃真空脱水至无气泡,加入等量的 MDI,100 ℃反应 3～4 h 后,再真空脱水得预聚体,同时测定体系内—NCO 含量。

4.2.1.3 弹性体的制备

在上述制得的预聚体中加入 10％的颜料,在 80 ℃下真空脱水,倒入事先计量好并完全熔融的固化剂,混匀,加速搅拌约 5 min 后迅速浇注到已在 100 ℃烘箱中预热的模具中,80 ℃固化 24 h,自然冷却至室温,脱模即得制品。

4.2.1.4 性能测试

1. 透水系数 采用 GB/T 1037—1988 塑料薄膜和片材透水蒸气性试验方法(杯式法)。

2. 体积电阻率 采用 GB/T 1410—1989 固体绝缘材料体积电阻率和表面电阻率试验方法。

4.2.2 结果与讨论

4.2.2.1 外观

从图 4-6、4-7 中明显可见,添加炭黑的制品,分散不均匀;添加黑色颜料的制品,分散均匀。

图 4-6　添加炭黑的制品外观

图 4-7　添加黑色颜料的制品外观

4.2.2.2　颜料对绝缘及耐水性能的影响

体积电阻率也叫体积电阻、体积电阻系数,是表征电介质或绝缘材料电性能的重要指标。体积电阻率愈大,绝缘性能愈好。

表 4 - 4　颜料对绝缘性能的影响

颜料	体积电阻率/$\Omega \cdot$ cm	透水系数/g $\cdot$ cm $\cdot$（cm$^2 \cdot$ h $\cdot$ mmHg^{-1}）
添加炭黑	4.3×10^{14}	3.4×10^{-7}
添加黑色颜料	1.0×10^{15}	7.1×10^{-8}

由表 4 - 4 可以看出,添加黑色颜料的制品体积电阻率高,绝缘性能好。聚氨酯弹性体的耐水性取决于聚合物的分子结构和化学组成。其一,在聚氨酯分子结构中有酯基,所以易于水解;其二,在其结构中含有 N、O 原子这样的亲水基团,很易与水形成氢键,从而增加了高聚物的亲水性;其三,水通过聚氨酯时,水分子是在聚氨酯分子间隙中通过的,分子链节的柔韧性愈大,分子链的运动愈剧烈,分子间隙的质量改变越频繁,水分子就越容易通过。本试验考察了添加黑色颜料与添加炭黑后对弹性体耐水性的影响,试验证明,添加黑色颜料的透水系数低,可满足使用的要求。

综上,对于绿色颜料填充聚氨酯泡沫材料试验可得以下结论:

1. 与纯硬质聚氨酯泡沫塑料相比,加入一定量的绿颜料后泡沫塑料的性能获得了提高。当颜料加入量为 12% 时,试样的表观密度为 52.6 kg/m³,压缩强度为 110.6 kPa,与未增强的试样相比分别提高了 29.6% 和 8.2%。

2. 泡沫中添加绿色无机粉体颜料可制备出具有良好光学隐身性能

的材料。当颜料加入量为12%时，反射率最高为51.2%，不但其反射率与绿色植物接近，而且发射率为0.681，满足热红外隐身材料发射率的要求。

对于黑色颜料填充聚氨酯泡沫材料试验可得以下结论：

通过试验验证，添加黑色颜料后，满足使用要求的弹性体为黑色，同时也提高了其他性能，透水系数低、绝缘性能良好，可保证发泡材料的正常应用。

5 聚氨酯变色成型产品制作

在普通聚氨酯生产工艺的基础上,通过改变原料体系和配方,在原料中加入功能添加剂,使发泡体具有伪装所要求的光学、电磁学性能以及特殊泡沫结构性能,制备得到的功能聚氨酯材料称之为发泡伪装材料。由于该材料具有独特的机械物理性能、良好的多光谱伪装性能以及卓越的伪装应用性能,它的出现受到了伪装及防护工程界专家的极大关注。尤其在当前对敌斗争形势下,对解决防护工程类大面积暴露物体的快速覆盖伪装和短时间内运用模具成型构筑发泡部件材料的应用和研究具有重要现实意义。

为了加快发泡的作业速度,使其成型后可直接组装成成套产品,提高制作产品的成功率,应对常用产品各个部件类型进行规范,并提供使用量推荐值,同时针对不良制品提出在制模前后针对原料和模具本身应注意的事项,为规范化制作提供参考,节约制作时间和经费。

5.1 脱模剂

在橡胶、塑料制造工业中，制造模型产品时，为便于脱模、提高效率、延长模具寿命，同时为使产品表面光滑、尺寸合格、废品减少，需要使用脱模剂。脱模剂分外涂和内加型两大类。外涂型脱模剂喷涂在模具表面，用来防止产品与模具的粘接；内加型脱模剂是配入成型物料中的一类物质，在硫化成型过程中，它迁移到产品表面，从而起到了与模具隔离的作用。

脱模剂令人满意的特性包括以下几点：(1) 简单的应用步骤；(2) 干燥速度快、效率高；(3) 模具上无残留；(4) 不转移到成型部件；(5) 耐高温；(6) 多种脱模性；(7) 极少量气味；(8) 环保、健康和安全标准正越来越支持在生产过程中使用无溶剂(水基)脱模技术。

5.1.1 国内外常用脱模剂

5.1.1.1 国内常用脱模剂

国内常用脱模剂可分为两种，一种是应用于模具表面的外部脱模剂，另一种是制模前同树脂系统结合的内加型脱模剂。

1. 外部脱模剂

外部脱模剂应用于模具表面，正确用法对实现其最大作用至关重要。可采用手刷(一些公司提供已经浸透脱模剂的刷子，使得人工操作变得更容易)，也可以使用喷涂设备，这是一种更快捷的方法。两种技术都需要一个熟练的操作者。

外部脱模剂令人满意的特性包括以下几点：(1) 使用方便；(2) 对任何表面都具有良好的湿润性。

传统上，活性脱模剂要溶解在溶剂中使用，但是出于对环境、健康和安全的担忧，现已开发了其他多种选择。目前大多数生产商都提供水基产品，水基系列的主要缺点就是挥发时间更长。为了改善这一缺点，它们需要更高的固含量，并且被推荐用在加热模具上。根据成分的不同，外部脱模剂主要有氟系脱模剂、硅系脱模剂、蜡(油)系脱模剂和界面活性剂系脱模剂等。

(1) 氟系脱模剂

有机氟化物是最佳的脱模剂，隔离性能好，对模具污染小，但价格较高。品种主要有：聚四氟乙烯(相对分子质量 1800)、氟树脂粉末(低分子PTFE)、氟树脂涂料(PTFE，FEP，PFA)。

(2) 硅系脱模剂

硅氧烷化合物、硅油、硅树脂，是一种隔离性较好的脱模剂，对模具污染小，主要用于天然橡胶、塑料和丁基橡胶的模型制品。只要涂 1 次，可进行 5～10 次脱模。

硅系脱模剂主要品种有：

① 甲基支链硅油(128 号硅油)，直接用于脱模；

② 甲基硅油，将粘度 300～1000 cp 的甲基硅油溶于汽油(或甲苯、二甲苯、二氯乙烷)中，配成 0.5%～2% 硅油溶液。适用于橡胶、塑料模型制品脱模；

③ 乳化甲基硅油，配成含硅油 35%～40% 的水乳液(需加乳化剂如吐温 20、平平加或聚乙烯醇，用量约为含硅油量的 2%)，然后加水稀释到

含硅油 0.1%～5%,喷涂到模具上,经加热除去水分,使硅油沉附于模腔表面上,适用于各种橡胶和塑料制品;

④ 含氢甲基硅油,选用粘度 5～50 cp 的 202#,821# 硅油 30 份、酞酸正丁酯 4 份、溶剂汽油 300 份配成溶液,喷到 150 ℃ 热模具腔内,宜作内胎脱模剂;

⑤ 295# 硅脂,用甲苯或松香水等溶剂稀释调匀后,喷涂于模具腔内。适用于橡胶、塑料层压板等制品;

⑥ 有机硅树脂,将 1# 或 2# 硅树脂溶于甲苯中,配成 3%～9% 溶液,适用于橡胶制品;

⑦ 硅橡胶,将甲基(或甲基乙烯基)硅橡胶配成 10% 汽油溶液存放,使用时再以 1:28 的比例用汽油稀释、混匀,适用于运输带制品的脱模;

⑧ 硅橡胶甲苯溶液,将硅橡胶溶于甲苯中配成 1%～2% 溶液,适用于橡胶、聚乙烯、聚苯乙烯制品的脱模。

(3) 蜡(油)系脱模剂

最常用的脱模剂是蜡油系脱模剂,蜡油系列脱模剂特点是价格低廉,粘附性能好,缺点是污染模具。其主要品种有:

① 工业用凡士林,直接用作脱模剂;

② 石蜡,直接用作脱模剂;

③ 磺化植物油,直接用作脱模剂;

④ 印染油(土耳其红油、太古油),在 100 份沸水中加 0.9～2 份印染油制成的乳液,比肥皂水脱模效果好;

⑤ 聚乙烯蜡(相对分子质量 1500～2500),将聚乙烯与一定比例的乳化剂混匀,宜作橡胶制品的脱模剂;

⑥ 聚乙二醇(相对分子质量 200～1500),直接用于橡胶制品的脱模。

(4) 界面活性剂系脱模剂

界面活性剂脱模剂特点是隔离性能好,但对模具有污染。主要有以下几类:

① 肥皂水,用肥皂配成一定量浓度的水溶液,可作模具的润滑剂,也可作为胶管的脱芯剂;

② 油酸钠,将 22 份油酸与 100 份水混合,加热至近沸,再把 3 份苛性钠慢慢加入,并搅拌至皂化,控制 pH 为 7～9。使用时按 1：1 的水稀释,用作外胎硫化脱模时,需在 200 份上述溶液中加入 2 份甘油;

③ 甘油,可直接用作脱模剂或水胎润滑剂;

④ 脂肪酸铝溶液,将脂肪铝溶于二氯乙烷中配成溶液,适用于聚氨酯制品,涂 1 次,可重复用多次,脱模效果好;

⑤ 硬脂酸锌是透明塑料制品的脱模剂。

(5) 其他

① 聚乙烯醇,配方为聚乙烯醇 5 份,酒精 35 份,洗衣粉 1 份;配制工艺为用部分水将聚乙烯醇溶解(加热 60 ℃～70 ℃),然后加足水,充分搅拌,再加入酒精及溶解好的洗衣粉,混合至白色析出物溶完即可,适用于不饱和聚酯与环氧树脂成型品的脱模;

② 聚丙烯酰胺,配方、配制工艺和应用同①;

③ 醋酸纤维素、聚苯乙烯的有机溶剂溶液也可用于脱模剂;

④ 含掩蔽剂的水性脱模剂,配方:微晶蜡 2.7 份,聚硅氧烷 2.0 份,稠矿脂 7.88 份,杀菌剂 0.1 份,脂肪醇加成物 1.5 份,壬基酚 EO 加成物 0.4 份,脂肪醇与聚乙二醇醚混合物 0.32 份,水 84.73 份,先将二分之一的水加热至 95 ℃,在搅拌下陆续加入上述各组分,并加入相应的乳化剂,宜作聚氨酯制品的脱模剂;

⑤ 耐久性脱模剂,在 200 mL 混合溶剂(二甲苯：乙苯：乙烷：甲苯＝82：16：5：1)中加入 Me_3SiCl 1.6,$Si(OEt)_4$ 1.0,水 19.2 mL,在

25 ℃～40 ℃搅拌 1 h,得到硅氧烷树脂溶液,再将此溶液 15,二甲基硅氧烷(粘度 200 Pa·s)66,混合溶剂 19 混合。以二氯甲烷配成 4%～10%溶液,宜作聚氨酯泡沫制品的脱模,1 次涂膜可重复使用数百次;

⑥ 多层复合型脱模剂,底层为短链四氟乙烯调聚物,第 2 层为聚乙烯,第 3 层为聚乙烯醇,长期使用底层有损坏应及时更新;第 2,3 层需经常更新,适宜于聚氨酯超微孔制品的脱模。

2. 内加型脱模剂

内部脱模剂与树脂在成型前混合。脱模剂是溶解在树脂混合物中,因此它必须在溶剂载体(如苯乙烯)中有较高的溶解度。在产品固化过程中,脱模剂从溶液中析出,迁移到模具表面。这样,就不需要在生产过程中使用外部脱模剂所需要的时间人力。硬脂酸锌、硬脂酸铵、石蜡等宜作内加型脱模剂,模得丽 935 P 脱模剂,可以直接加入胶料中使用。

内部脱模剂使用时所要求的标准主要有:

(1) 在系统中能完全溶解;

(2) 对固化的影响最小;

(3) 对颜色的影响最小;

(4) 对物理性能无负面影响;

(5) 不含会对涂漆和粘接带来不利影响的材料;

(6) 无堆积或模具结垢,可持续清洁脱模;

(7) 明显缩减生产周期。

使用内部脱模剂需要谨慎开始。每次脱模剂的使用都不是独立的,而是长期使用过程的一部分,每次成型不仅依赖于本次使用的脱模剂,同时还和以前的成型相关(在拉挤成型工艺中是一个连续的过程)。内部脱模剂通常与机械化工艺相联系,但它们也有助于较难且复杂的手糊成型。

使用这种脱模剂的一个主要优点就是一致性和高产量,而外部脱模剂只能通过操作者的技能才能做到。

5.1.1.2 国外常用脱模剂

国外常用脱模剂见表 5-1。

表 5-1 国外常用脱模剂

名称	主要成分	使用对象	产地	名称	主要成分	使用对象	产地
外涂型脱模剂							
RC7	氟烃	通用	美国	M7	氟烃在甲酸乙酯中的分散体	橡胶制品	美 TSE 公司
Melube 1806	聚四氟乙烯	各种橡胶	美 Megee 公司	CM	硅橡胶	橡胶制品	俄
含氟聚乙烯	全氟烷基环氧丙烷	各种橡胶	日 DK 公司	N-22	—	橡胶织物金属复合材料制品	美 T/V 公司
N-246	—	橡胶胶鞋	美 T/V 公司	Dinomar	—	硅氟橡胶	美 3M 公司
Relis 38	—	阻燃,一次涂覆多次用	德 Henkel 公司	88N	—	冷模、除氟硅橡胶外,一切热模橡胶制品	德 Henkel
内加型脱模剂							
DinamaA	—	各种橡胶	美	氟系	含氰聚酯	各种橡胶	美
硬脂酸锌	用量 0.1%~20%	各种橡胶	美	环氧大豆油	环氧大豆油	各种橡胶	美

（续表）

名称	主要成分	使用对象	产地	名称	主要成分	使用对象	产地
聚硅氧烷	聚硅氧烷	各种橡胶	日	PAT	—	EPDM	法
Q2-7119	硅有机物	Pu,Eu	美	B-238	蜡类	SBR,NBR	俄
B-239	蜡类	CR,EPDM	俄	PVA	0.5%～1%	SBR,NBR	俄
烷基磺酸钠	烷基磺酸钠	SBR,NBR	俄	Aflax54	—	CHR,FPM	德

5.1.2 脱模剂作用机理

脱模剂的作用机理包括脱模历程、脱模剂的转移和脱模剂的表面张力。脱模历程是在模具表面喷涂脱模剂之后，硫化成型时的实际界面，如图 5-1。

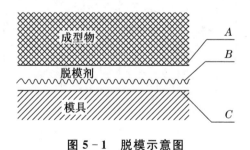

图 5-1 脱模示意图

在图 5-1 中，胶料与脱模剂的接触面为 A 面，脱模剂面为 B 面，脱模剂与模具的接触面为 C 面；脱模剂层为凝聚层。脱模时，在 A 面和 C 面剥离时称为界面剥离，而在 B 面剥离时叫凝聚层破坏。

脱模剂的转移率是指脱模剂在脱模过程中转移到成型产品上的百分率。有几种可能：

（1）由 A 面剥离脱模，脱模剂不转移；

（2）由 A 面剥离及 B 面凝聚层破坏脱模，脱模剂发生少量转移（约 22）；

（3）只因凝聚层的破坏而脱模，脱模剂转移较多（44～70）；

（4）由 B、C 面剥离及凝聚层的破坏而脱模引起大量脱模剂转移（约 93）；

（5）成型物与脱模剂接触，发生混合、粘接，当勉强脱模时，就会使部分成型物（产品）的表面、界面破坏而脱模。

通常使用的脱模剂，要求在 B 面或 A、B 两面剥离脱模。由凝聚层引起的脱模，其脱模效果最好。

脱模剂的隔离性取决于其表面性质，而表面不湿润性物质的物性值是根据其临界表面张力（r_c）的概念得出的。选用临界表面张力小的物质作脱模剂，是隔离性最好的脱模剂。表 5 - 2 中是一些物质的临界表面张力，这些数据也证明氟化物是隔离性最好的脱模剂。

表 5 - 2　物质的临界表面张力

物质	临界表面张力 $\times 10^{-7}$，N/m
氟化碳表面	
—CF$_3$	6
—CF$_3$—	15
—CF$_2$—＋— CF$_3$	17
—CF$_2$—CF$_2$—	18
—CF$_2$—CHF—	22
—CF$_2$—CF$_2$—	25
—CHF—CF$_2$—	28

（续表）

物质	临界表面张力$\times 10^{-7}$,N/m
碳化氢表面	
—CF$_2$—（结晶）	20～22
—CF$_2$—（单分子膜）	22～24
—CF$_2$—CF$_2$—	31
—CH—	35
氯化碳表面	
—CHCl—CH$_2$—	39
—CCl$_2$—CH$_2$—	40
—CCl$_2$	43
硝基化合物表面	
—CH$_2$ONO$_2$（结晶）	40
—CH(NO$_2$)$_2$（单分子膜）	42
—CH$_2$NO$_2$	45

5.1.3 常用脱模剂的应用

5.1.3.1 脱模剂的使用方法

1. 在喷涂脱模剂之前,应将模具清洗干净,不得有铁锈、油污、炭粒和有机物等杂质存在,否则会降低脱模效果。

2. 配制脱模剂用水应是纯水(离子交换水或蒸馏水),不得用自来水。

3. 脱模剂量浓度不能太高,涂层不要太厚。在喷涂时用量要以能顺利使制品脱模为准,尽量少用。脱模剂用量过大会影响制品的外观质量,出现油斑或使制品表面发暗,特别是对透明性要求较高的制品有较大影响,有时要禁止应用。如果对制品的表观质量要求较高,则只能在制品脱模困难的部位应用脱模剂。

4. 根据成型聚合物的种类,选用适宜的脱模剂,效果更好。

5. 使用时要分清外涂型、内加型,一次性、多次性及半永久性的脱模剂,应采用不同的应用工艺。

5.1.3.2 脱模剂存在的问题

脱模剂问题产生的原因多种多样,一些常见的问题和可能的解决方案在下面已经列出:

1. 干燥后脱模剂润湿性差

解决这类问题的方法主要有:通过抛光模具除去条痕;有可能是脱模剂使用量过大,此时可减少脱模剂使用量;在使用脱模剂的时候要确保清除任何引起润湿性差的物质(水/水汽、油、灰尘)。

2. 表面质量差

改善产品表面质量的主要方法有:原有模具质量不佳,通过抛光、打磨等方法改善模具质量;减少脱模剂使用量;脱模剂在使用的时候要涂抹均匀,未涂抹均匀会使得部分脱模剂堆积影响产品质量。

3. 脱模差/粘连

出现脱模差或者是粘连问题的可能原因有:模具设计缺陷/制造缺陷(尤其是复杂部件的外形);模具表面有微孔(使用密封层或额外的脱模剂涂层);脱模剂是憎水性;模具准备不充分(清洁,抛光);脱模剂没有完全固化。

4. 部件预脱模

出现这类问题的主要原因有:脱模剂过量;树脂性能(高收缩率);脱模剂溶剂由于挥发等损失(意味着脱模系统含有丰富的活性成分)。

使用传统的脱模剂会使得制模室内被雾气笼罩,气味难闻,使制模人员出现手脚麻木、行走困难、乏力,在呼吸时有胸闷的症状,更甚者会出现四肢无力、肌肉萎缩乃至瘫痪。为了保护制模人员的身体健康,保护环境,增加使用、运输、贮存的安全性,清除危害隐患,必须摒弃含有卤代烃、苯类、正己烷等有害、有毒、易燃易爆的化合物,寻找无毒、无害、无腐蚀、对后处理无副作用的物质替代之。

从目前最新的发展趋势来看,一种多元组合的非离子型活性剂具有诸多优点,它含有聚氧乙烯烷基醇、十二烷基磺酸钠、正辛醇磷酸酯铵盐等成分,不用有机溶剂稀释,而是采用去离子水混合。脱模剂的成分大多是醇基类有机化合物,所以对人体无毒、无害,对大气环境和水源不会产生污染,具有优良的热稳定性、耐氧化性,不腐蚀模具,并且蜡模表面光洁,没有大量残留物。该脱模剂无毒性,不燃不爆,残留物易清洗。

该型脱模剂的特点是水溶性的非离子型活性剂,利用模料的憎水性,脱模剂喷到金属模具上,活性剂形成一层致密的薄膜均匀覆盖在型腔表面,由于薄膜的存在,表面张力大,使模具与熔模之间产生隔绝,利于蜡模从模具的形腔中脱离出来。

总体看来,无氯氟烷类、水基类脱模剂为发展趋势。Price Driscoll 公司生产了一款新系列的 Value Line 脱模剂、模具清洁剂和防锈剂,能够节省成本。该产品采用不易燃配方,溶剂符合 EPA 规定且不含亚甲基氯。新系列中的脱模剂包括食品和药品级别标准的可涂刷硅树脂、PTFE 干燥膜和硬脂酸锌干燥粉末。该产品线也包括两种新型模具保养产品：一种含溶剂的 Gentle Clean 模具清洁剂，能够溶解大多数对溶剂敏感的塑料及金属；另一种是经济的金属防锈模具。

5.2　产品部件类型

借助于模具运用聚氨酯发泡材料制作的特定物体部件包括轮胎 2 个、底座 1 个、驻退器 2 个和下架 2 个，图 5-2 以轮胎模具为例图解了运用聚氨酯发泡材料制作特定物体的步骤。整个作业过程包括作业手 6 人，队长 1 人，前 4 名为起模组，5、6 名为 A、B 料调制组，各组第一名为小组长，具体的作业顺序是：

1. 队长下达"开始作业"的口令，第 1—6 名作业手分两路跑步前进至第一模具处，由小组长下达立定口令后，第 1—4 名转体向前踢出一步，打开轮胎横盖，由第 5、6 名沿凹槽四周均匀浇入调好的发泡料，其余均匀浇在凸包外并盖模，留下一名作业手看好模具。

2. 按此步骤，依次做好底座、驻退器和大架。

3. 队长下达"起模"口令，作业手跑步至轮胎模，打开上盖，用起模具取出成型轮胎，看管模具的两名作业手取出修理工具、锯子等，对轮胎进行修理，处理好后，依次进行其他模具的起模和修理。

4. 摆放好器材，然后进行架设。

图 5 - 2　聚氨酯发泡材料制作轮胎

5.3 使用量推荐值

为了更好地确定特定物体各部件对发泡原料各组分的比例要求,在第四章试验部分,我们分别将黑白料 15∶18,15∶15,18∶15(质量比,单位 g)混合进行发泡试验,并编号为 Y－1,Y－2,Y－3;固定黑料∶白料＝1∶1(质量比),分别加入 0.5％、1％、1.5％(以黑白料用量之和为基数)的三乙醇胺,水,10％、15％、20％的丙酮进行试验,并编号为 Y－4,Y－5,Y－6,Y－7,Y－8,Y－9,Y－10,Y－11,Y－12。然后根据预发泡试验结果,依次加白料用量的 70％、90％、110％、130％的黑料进行无任何外加助剂的发泡试验,并编号为 K－1,K－2,K－3,K－4;固定黑料∶白料＝1∶1(质量比),分别加 0.7％、1.2％的三乙醇胺,水,2％、5％、7％的丙酮(以黑白料用量之和为基数)进行发泡试验,并编号为 K－5,K－6,K－7,K－8,K－9,K－10,K－11。具体试验安排见表 5－3。

表 5－3 试验方案表

编号	说明	添加百分比	密度	发泡倍数	吸水率	抗压强度/弹性模量
K－1	无任何外加助剂,添加不同百分比(以白料用量为基准)的黑料进行试验	70％	√	√	√	√
Y－3		80％	√	√	√	√
K－2		90％	√	√	√	√
Y－2		100％	√	√	√	√
K－3		110％	√	√	√	√
Y－1		120％	√	√	√	√
K－4		130％	√	√	√	√

（续表）

编号	说明	添加百分比	密度	发泡倍数	吸水率	抗压强度/弹性模量
Y-4	黑白料用量1∶1，添加不同百分比（以黑白料用量之和为基准）的三乙醇胺试验	0.5%	√	√	√	√
K-6		0.7%	√	√	√	√
Y-5		1.0%	√	√	√	√
K-7		1.2%	√	√	√	√
Y-6		1.5%	√	√	√	√
K-8	黑白料用量1∶1，添加不同百分比（以黑白料用量之和为基准）的丙酮胺进行试验	2%	√	√	√	√
K-9		5%	√	√	√	√
K-10		7%	√	√	√	√
Y-7		10%	√	√	√	√
Y-8		15%				
Y-9		20%				
Y-10	黑白料用量1∶1，添加不同百分比（以黑白料用量之和为基准）的水进行试验	0.5%	√	√	√	√
K-12		0.7%	√	√	√	√
Y-11		1.0%	√	√	√	√
K-11		1.2%	√	√	√	√
Y-12		1.5%				

从试验结果知道：

1. A料中主要为多异氰酸酯，B料主要是多元醇、交联剂、催化剂、物理发泡剂、泡沫稳定剂等的集合，当A料掺量偏少（70%～80%）时，发泡反应中产生的泡体较大且速度较快还没及时被交联剂固化等导致泡沫体密度变小；

2. 当 A 料掺量变大（80％～100％）时，发泡反应所产生的泡体被交联剂固化，阻碍了泡孔的进一步变大，从而导致泡沫体密度变大；

3. 当 A 料掺量偏大（100％～110％）时，多异氰酸酯过量，发泡反应所产生的泡孔不能被交联剂交联，泡沫体体积变大，导致密度变小；

4. 当 A 料掺量进一步变大（110％～130％）时，A 料严重过量，使得泡沫体的质量进一步变大，同时 B 料用量不变，导致泡沫体泡孔并未变多，从而导致泡沫体的密度变大。

实际上，当 A 料掺量大于 110％或小于 80％时，即 A 料或 B 料严重过量时，泡沫体由于过量不能充分反应，所产生泡孔的数量是一定的，泡沫体密度的增大是材料用量的增加而导致的，这时制备的泡沫体已很不经济。

当材料用量在合理范围内，A 料掺量为 100％时，泡沫体密度、抗压强度和弹性模量最大，而发泡倍数和吸水率最小；掺量为 110％时的泡沫体密度、抗压强度、弹性模量数和吸水率最大。

综合以上结果分析，用发泡材料制作特定物体时，原料配比最佳推荐值见表 5－4。

表 5－4　制作特定物体原料比例推荐使用值

名称	A 料	B 料	水	三乙醇胺	丙酮	黑颜料	绿颜料
比例用量	1	1	0.7	0.01	0.07	0.1	0.12

5.4　注意事项

5.4.1　聚氨酯原料贮存注意事项

聚氨酯发泡原料分成 A、B 两组分，A 组分为有机异氰酸酯化合物（红色桶），B 组分为聚醚多元醇（蓝色桶）。A、B 两组分在室温下均具有高反应性。因此，在贮存及使用时应注意分开保管，避免意外相遇引起反应。并且 A 组分除可与 B 组分反应外，还能与水及其他含有活性氢的化合物反应，先是 A 组分与水反应生成中间体聚脲，然后聚脲进一步与水分子反应最终生成 CO_2，使 A 组分失去反应活性。空气中的水分能与 A 料反应使其增稠以至于结块失效。因此，在贮存、使用中应切记严格防止其与水分接触。

长期静置存放可能引起原料的不均匀，冬季会使原料粘度增高。因此建议在使用前，对原料进行预循环或适当加热。操作中尽量避免原料接触皮肤，一旦接触，及时用大量清水充分清洗。万一溅入眼内，立即清洗并请医生处理。

一般情况下，该原料不会自燃或爆炸，但均为可燃物品，应远离火源，操作中严禁明火及吸烟。

5.4.2　模具成型过程中的注意事项

5.4.2.1　成型前模具表面预处理

在使用前,应先清除模具内表面的油脂和污垢等附着物。除锈除污质量应达到规范要求,表面的焊渣、毛刺等应清除干净,清除干净模具表面的灰尘。模具内表面预处理后,应及时涂抹脱模剂,注意脱模剂的使用量不能太多而使制品表面留有脱模剂,也不能太少,使得制品脱模不佳,影响产品外观。

5.4.2.2　聚氨酯发泡注意事项

聚氨酯原料超过三个月应至少抽查 1 桶,尤其是 A 料,测试发泡时间、固化时间、表观密度、抗压强度、吸水率及导热系数等六项指标。发泡时间、固化时间两项指标必须满足工艺要求,不合格产品不得使用。然后根据模具种类、大小和不同的成型工艺,选用相应发泡时间、固化时间以及表观密度的组合聚醚和异氰酸酯反应。在冬季等严寒季节时,还要注意模具的表面温度。预热模具时,一定要均匀,泡沫塑料浇铸时模具表面温度宜为 (35 ± 5) ℃,组合聚醚和异氰酸酯温度宜为 (25 ± 5) ℃。发泡使用的黑料异氰酸树脂、白料聚醚树脂按 1∶1 的比例搅匀后倒入模具,冬季施工白料须加入 0.5% 二月桂酸,作为反应的催化剂,增加润滑性和耐候性。冬季施工温度低,施工场地需要搭设施工工棚,以便遮挡风、雨、雪,异氰酸树脂和管材必须加热到适当的温度,才能确保发泡的质量。

5.4.3 成型制品的不良现象及注意事项

5.4.3.1 制品有气泡

在发泡材料成型过程中,有时成品表面会含有许多气泡,这样不但影响制品的强度及机械性能,对制品外观亦大打折扣。通常制品厚薄不均,或模具有突出肋时,原料在模具中的冷却速度不同,造成收缩的程度不均,容易形成气泡;而原料带有水分时在熔料过程中受热分解成气体,容易进入模腔内形成气泡。所以当制品出现气泡时,可重点检查原料是否含有水分、原料的温度是否过低、成品的断面肋或者柱是否太厚以及模具的温度是否不均匀等,针对具体原因作相应处理。

5.4.3.2 制品有凹陷

聚氨酯发泡制品表面的凹陷,除了会影响产品外观,亦会降低成品的品质及强度。凹陷的原因与使用的原料、成型技术及模具设计均有关系。如缩水率,在浇注过程中,胶料受热成流体状态,分子呈无规则排列;当注入较冷的模腔时,分子便慢慢地整齐排列形成结晶,结果体积缩小小于规定尺寸范围,就是所谓的“缩水”。制品表面的凹陷和空洞都称为“缩水”,聚氨酯的缩水率为 $0.1\% \sim 3\%$,料温、模具的设计及温度等都是可能引起制品凹陷的原因。

如果是模腔内进料不足导致,则应增加进料量充盈模腔;若是原料温度或者是模具温度不合适导致,则降低原料尤其是 A 料的温度和模具的温度;也有可能是浇口不对称,此时要调整模具入口的大小和位置;如果是凹陷部位排气不良导致,则检查凹陷部位的排气孔是否堵住或增开排气孔。

5.4.3.3　制品有裂痕

裂痕是聚氨酯发泡制品的又一缺陷,通常表现为制品表面有毛发状的裂纹。当制品有尖锐棱角时,此部位如发生不易看出的细裂纹,这对制品来说是非常危险的。产生裂痕的主要原因大致是制备工艺中脱模剂使用较少导致脱模困难,A、B料过度充填,模具温度过低,制品构造上存在缺陷。浇口部位常易残留过大的内部应力,而易脆化导致破裂。

如果是填料过度,则应减少填料量;如果是脱模方式不当导致,则应调整脱模方式,或者是选用专业脱模工具;如果是模具本身有脱模倒角,则应注意检修模具。

5.4.3.4　制品有毛边

毛边是聚氨酯发泡制品生产过程中常遇到的问题。当原料在模腔内的压力过大,其所产生的分模力大于锁模力,从而迫开模具,使原料溢出形成毛边。形成毛边的原因可能有多种,如原料方面的问题,或是调校不当,甚至模具本身也有可能。所以,在判定毛边产生的原因时,要从易到难进行。

产生毛边的原因如果是原料特别是 A 料已经吸湿或者是受到污染,此时应注意更换原料,并注意原料的保存方式是否得当;也有可能是模具本身的问题,如果是刚性不够,此时要检查锁模力并调校;如果是模具磨损或者是模具分模不配合,要注意检查模具使用次数及锁模力,修理或更换,检查模具相对位置是否偏移,重新进行调校。

聚氨酯发泡产品的不良现象还包括制品表面光泽不良、制品有流痕(条纹)以及制品有结合线等。考虑到运用不同模具将物体的各部位做成发泡制品后,还要进行刷漆等后续处理,所以这些不良现象对于特定物体的伪装效果不会产生大的影响,因此略过。

聚氨酯发泡成型产品,原则上都是依据标准规格要求制造的,但它的变化仍是相当广泛并具有突发性。有时在制备过程中会突然产生凹陷、气泡、裂痕、变形等次、废品,由此就要从次、废品中来了解判断问题所在并提出解决办法,这是专业技术和实践经验的积累。有时只需变更操作条件或在原料、模具等方面稍做处理和调整,就可以解决问题。

6 聚氨酯变色成型技术应用

　　地面油罐及各种仓库等表现出与周围环境明显不一致的物体外形特征,这些特征是光学仪器、热红外侦察设备和雷达侦察设备用以识别的依据。随着现代科学技术特别是高新技术的发展,侦察与监视的能力和水平有了突飞猛进的进步。侦察监视技术和精确制导武器的广泛应用,使得这些物体遭受攻击的概率成倍增加。为了适应战争中实施伪装的需要,许多国家在军队中编有专门的伪装力量,大力开展反侦察监视的伪装技术研究和伪装器材试验工作。十多年来,在迷彩等伪装技术方面不断取得新的进展,逐步建立起能够对付现代侦察监视与物体捕获系统的系列伪装材料与伪装器材装备,比如迷彩作业车,能较好地实施伪装工程作业。

　　目前已研制出的伪装材料,主要是伪装涂料、伪装网等,虽然能起到一定的伪装效果,但是在对防护工程、阵地工程等固定大型物体进行伪装时,成本较高,并且对涂敷工艺的要求较高。聚氨酯泡沫塑料具有优良的物理机械性能、电学性能和耐化学品性能,使得以聚氨酯为基体、添加不同助剂和填料而得到的防光学侦察、防热红外侦察和防雷达侦察的伪装材料,受到了极大的关注。

　　硬质聚氨酯泡沫塑料是将有机异氰酸酯、多元醇化合物和各种助剂按一定比例混合反应而制得的高分子材料。其特征是相对密度小,密度大小及软硬程度均可随原料及配方的不同而改变;耐高温,耐老化,具有较高的比强度;材料施工方便,发泡速度快,可在常温常压下现场发泡成型;发泡器材操作简单,可进行浇注或喷涂施工;对金属、木材、玻璃、砖石等具有很强的粘附性,可在任意物体上进行发泡。正是由于硬质聚氨酯泡沫塑料有上述理化特性,因此将经过颜色调配的硬质聚氨酯泡沫塑料喷涂于防护工程或阵地工程等地下工程外部设施的出口、天线堡、山体护坡、电站、洞库洞口等物体,可模拟天然地表状态,达到"隐真示假"的伪装目的。

6.1 聚氨酯泡沫塑料防光学侦察性能

光学伪装是为对付工作频段在 0.38 μm 以下的紫外线、0.38～0.76 μm 的可见光以及 0.76～1.20 μm 的近红外侦察所实施的伪装。伪装的目的不仅应使物体在可见光范围内与背景尽可能一致,而且在近红外波长范围应具有与背景相似的特性。物体所处的背景分为植物背景和非植物背景。非植物背景如土壤、岩石、混凝土等的光谱发射特性模拟不存在较大的技术难度。由于聚氨酯的染色性较好,根据试验,选用的防光学侦察无机颜料主要有红色颜料、黄色颜料、绿色颜料和黑色颜料。考虑到颜料对硬质聚氨酯泡沫塑料性能的影响,红色颜料一般选用氧化铁红和硫化镉(红),黄色颜料选用铁黄和钛黄,绿色颜料选用氧化铬绿、叶绿素和酞青绿,黑色颜料选用钛黑或炭黑。在聚醚组合料中加入 5% 的无机颜料粉末,就可达到伪装要求,而对粘度影响不大并且在满足机械性能的前提下,还可添加适量的发泡剂来调节粘度,因此加颜料对聚氨酯的喷涂发泡施工的影响不大。选用市售的普通颜料如二氧化钛、炭黑、氧化铁红等颜料可构成合适的颜料体系。植物背景包括绿色植物、森林、农田作物等,伪装的关键是模拟绿色植物叶绿素光谱反射特征(图 6-1 曲线 1 为叶绿素标准光谱反射曲线;曲线 2 为绿色聚氨酯硬泡沫塑料的光谱反射曲线),叶绿素光谱反射特性曲线的特点是在波长 550 nm 附近存在一个小的峰值,所以呈现绿色;在 650 nm 附近光谱反射存在一个谷值,是由于叶绿素的吸收造成的;波长在 700 nm 以上的光谱反射系数迅速增大,是因为植物对红光及近红外光的反射都很强。伪装物体必须与背景具有同谱同色性,即在可见光到近红外波长范围内须使物体与背景具有近似的光谱曲线。

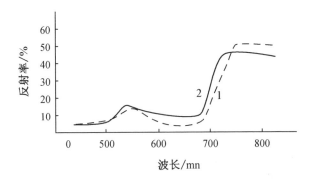

图 6-1　叶绿素(1)和绿色聚氨酯硬泡沫塑料(2)的标准光谱反射曲线

　　三氧化铬是绿色的,拥有与叶绿素相似的光谱反射特性,在可见光范围内是理想的颜料,但是在近红外区域的反射率不能急剧升高,单独使用不能满足相关要求。一般采用多种颜料混合,以便取长补短,更好地发挥各种颜料的性能,通过将氧化铬绿与炭黑、铁红、铬黄等颜料添加到聚醚多元醇组料中,研磨混合均匀,再进行发泡获得绿色硬质聚氨酯泡沫塑料制品。图中曲线 2 是用这种绿色颜料制备的绿色硬质聚氨酯泡沫塑料制品的光谱反射曲线。从图中可以看出,在 400～500 nm 的波段范围内,绿色聚氨酯塑料与实际绿色植物有相似的光谱反射曲线特性,尤其是在 670～750 nm 的反射率陡然上升,在近红外段的反射率达到 50% 以上,并且在绿色检验镜下,呈现出与绿色植物相一致的橙红色,满足了伪装的技术要求。

6.2 聚氨酯泡沫塑料防热红外侦察性能

热红外侦察是通过探测物体自身发出的红外辐射能量来发现、识别物体的。随着光、电技术的飞速发展,战场的热红外威胁正在逐步升级,热红外侦察与监视系统、热红外物体捕获与火控系统以及热红外制导与寻的系统的广泛使用,使远红外波段被侦察物体(包括温度接近于背景温度的物体)的热图像更加清晰。目前最先进的热成像仪的热分辨力可以达到 0.1 ℃,空间分辨力可以达到 0.1 mrad。此外,由于红外辐射时刻存在,热红外侦察器材受天气影响小,既可以在白天工作,又可以在晚上使用,在小雨、小雪和烟雾的条件下能够正常发挥功效,并且不受烟尘、闪光的干扰,实现了真正意义上的全天候侦察监视,物体同普通地面背景具有明显不同的辐射特性,时刻处于热红外侦察监视之中。

热红外伪装是消除、减少、改变或模拟物体和背景之间中远红外波段两个大气窗口(地球大气对电磁波传输不产生强烈吸收和散射衰减作用,透过率较高的一些特定的电磁波段,即 3～5 μm、8～14 μm)辐射特性的差别,以对付热红外探测所实施的伪装。

影响物体红外辐射能量的主要因素是物体的表面温度和发射率。因此,实现热红外伪装的技术途径有两种:一是控制表面发射率,二是控制表面温度。涉及的材料主要有两类:具有不同发射率的材料和大热惯量材料。发射率是指辐射体的辐射功率与同温度的黑体的辐射功率之比。发射率的高低决定了物体的红外辐射特性。发射率材料的解决有两种方案:一是采用可变发射率材料。这类材料随背景温度变化,其发射率发生相应的改变,以保持物体表面的辐射特性与背景的辐射特性相似,起到伪装作用。二是采用不同发射率的材料,模拟不同背景的辐射特性。低发射率材料的研究是解决热红外伪装的有效途径之一,但存在的问题是其发射率受外界环境的干扰很大。例如在风沙较大的地区,低发射率材料的伪装效应很难发挥。大热惯量材料的研制弥补了这一缺陷。

物体在获得能量后其温度的变化与自身的热特性有关,即与比热、密度、导热系数的大小有关。考虑比热、密度和导热系数三者的综合作用效果,将它们乘积的平方根定义为热惯量。因此,在同样受热条件下,热惯量大的物体在一天中温度变化的幅度就小。大热惯量材料主要有两类:相变材料与隔热材料。相变材料是利用当温度达到材料的相变温度时材料发生相变,从而伴随着大量的热消耗,使得体系的温度变化不明显,从而达到伪装效果。隔热材料是利用材料的热容量较大,热导率较低,使得物体的温度特性不易暴露,利用这种材料较容易模拟背景的光谱辐射特性,达到伪装效果。硬质聚氨酯泡沫塑料就是这类隔热材料。

硬质聚氨酯泡沫塑料的导热系数范围在 $0.015 \sim 0.035 \, \mathrm{W/(m \cdot K)}$,是极为理想的隔热材料。某些高温物体,例如车辆、装备等,由于自身温度比周围背景温度高,从而引起物体与背景之间产生明显的对比度,同时在物体本身的热图中形成很大反差,成为判别物体性质的依据。在这些高温物体表面喷涂一层硬质聚氨酯泡沫塑料,由于隔热作用,降低了物体与背景之间的温度差,减小了对比度,产生了伪装效果。

美国研制出一种能对付热红外侦察的泡沫塑料,它是将 $1 \sim 4$ mm 厚的聚氨酯泡沫喷涂或胶粘到物体的表面,避免热物体直接与空气接触,控制红外辐射能量,从而使物体的表面温度与周围背景趋于一致,使热红外侦察失效。而且隔热效果可随聚氨酯泡沫塑料的厚度和密度变化而改变,由于可在任意物体上发泡,因此能按物体的形状喷涂于各个部位,根据各部位温度的高低,喷涂不同的厚度。

此外,通过在大面积物体上分别喷涂具有不同导热系数的聚氨酯防热红外侦察材料,能使大面积的热源分割成若干个小热源,或者把分散着的小热源集中成一个大热源,甚至可以使热源的相对位置进行转移,改变热源的分布情况。即使有一定的红外线辐射出去,红外侦察器材也难以分辨出物体的原来形状和准确位置,从而达到遮蔽、伪装的目的。

6.3 聚氨酯泡沫塑料防雷达侦察性能

雷达侦察是利用物体对无线电波的反射特性来发现物体和测定物体状态的,具有探测距离远、测定物体速度快、精度高、能全天候使用等特点,在战场上的应用十分广泛。

防雷达侦察是伪装技术的一个重要方面,在现代战争中起着重要的作用。雷达伪装是隐匿减小、改变或模拟物体和背景之间微波散射特性的差别,以对付雷达探测所实施的伪装。雷达隐身材料主要分为雷达吸波材料和雷达透波材料。将目标或其蒙皮用隐身材料制造,照射其上的雷达波就会被吸收或被透过,从而减小雷达回波强度,达到物体的隐身目的。不过在减小雷达散射截面积方面,透波材料所起的隐身作用并不大,主要是使用雷达吸波材料。对雷达波吸收材料的基本要求是：入射雷达波最大限度进入材料内部，即材料要求具有雷达波匹配特性；进入材料内部的电磁波能迅速被材料吸收衰减掉，即材料要具有很高的电磁损耗。

表 6-1　不同厚度的聚氨酯泡沫平板的透波率（%）

平板厚度/mm	10	20	30	40	50
4 GHz	99.7	99.5	99.4	99.3	99.0
5 GHz	99.6	99.3	99.3	99.0	98.8
6 GHz	99.6	99.1	99.1	98.8	98.7
7 GHz	99.5	98.9	98.9	98.7	98.3
8 GHz	99.5	98.8	98.8	98.5	98.2

聚氨酯材料具有良好的受控发泡特性，参照 GJB 1598 附录 B 的规定，对 1.5 m×1.5 m，厚度为 10、20、30、40 和 50 mm 的硬质聚氨酯泡沫塑料平板进行透波测试。在垂直入射的情况下，测得电波频率在 4～8 GHz 范围时硬质聚氨酯泡沫塑料的透波率结果见表 6-1。

从表 6-1 中可以看出，在电波频率 4～8 GHz 范围内，厚度 10 mm 和 50 mm 之间的泡沫塑料的透波率变化不大，并且透波率都在 98% 以上，说明硬质聚氨酯泡沫塑料具有很好的透波性能，能适应很宽的频带，是理想的透波材料。以聚氨酯泡沫塑料作为吸收材料基体，在其中掺入微波吸收材料，能获得较好的雷达波吸收效果。以聚氨酯泡沫塑料为基体，在其中掺入高磁导率金属粉末材料，并掺入适量金属纤维，一次发泡成型得到的平板型样品，经二〇七研究所测试中心测试，测试曲线见图 6-2。图 6-2 的横坐标表示测试频率，纵坐标为反射功率，负值表示雷达波被材料反射，其值越低，在该频率下材料吸收雷达波的效果越好。通过对数据做相应的计算可知，在雷达的工作频率为 8.2～12.4 GHz 的 X 波段,平均吸收率达 90% 以上,在频率为 9.52 GHz 处,吸收率高达 97.5% 以上,在 8.2 GHz 到 12.4 GHz 整个 X 波段雷达波都有吸收,宽度达 4.2 GHz。

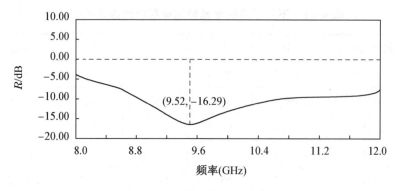

图 6-2 材料微波吸收测试曲线

新型的多晶铁纤维吸收剂是一种轻质的磁性雷达吸收剂,这种多晶铁纤维为羰基铁单丝,直径为 1~5 μm,长度为 50~500 μm,纤维密度低,结构为各向同性或各向异性,通过磁损耗或涡流损耗的双重作用来吸收电磁波能量,可在很宽的频段内实现高吸收率。在聚氨酯材料中添加适量的这种吸收材料,可获得较宽的吸收频带与吸收效果,以达到吸收雷达波的效果。

硬质聚氨酯泡沫塑料具有优良的物理机械性能和多光谱伪装性能,伪装效果好,性价比较高。施工时,可采用二次喷涂法,形成双层伪装结构,需要时在物体表面先喷涂添加电磁损耗材料的聚氨酯泡沫塑料,使之具有微波吸收效果,在此层上面再按三色迷彩的图案喷涂经过颜色调配的不同导热系数泡沫塑料,使其具有防光学侦察的伪装效果和防热红外侦察的伪装效果。也可采用掺有微波吸收材料的聚氨酯与经过颜色调配的不同导热系数的聚氨酯塑料按四色迷彩的图案进行单层喷涂,也可根据背景植被情况设置具有近红外效果的颜色斑点。利用喷涂法获得的聚氨酯背景覆盖材料，无需模具，成型方便，随着研究的深入，通过改变添加剂等手段，可以更好地实现对物体所在背景的模拟。

6.4 聚氨酯发泡材料在防护工程中的应用

相对于传统伪装器材，聚氨酯发泡材料在防护工程设施的伪装覆盖中具有独到的性能特点，主要体现在以下几个方面。

1. 伪装造型功能强。经过颜色调配后所形成的发泡体，其颜色、外形及表面组织结构可以做得酷似天然岩石及一般地面。因此，将材料喷涂于坑道口部的水泥护坡、防护门、喇叭形出入口及竖井等工程设施表面，可逼真模拟天然地表状态，快速、方便地恢复山体原貌。

2. 伪装遮蔽效果好。聚氨酯发泡材料同时具有快速发泡成型功能以及多光谱伪装性能。因此，它具有双重伪装遮蔽效果：其一是材料的表面结构状态与地面良好匹配；其二是伪装面的光谱特征与现地背景的一致性。所以，物体一经伪装覆盖即使抵近观察也难辨真伪。

3. 伪装设置方便。材料自身具有足够的结构强度及承载能力，对于一定高度的物体，只要进行简单的架空敷设，经发泡材料喷涂后，即可获得稳定的架空结构。并且伪装施工后不影响原有设施的结构性能及使用性能。

4. 伪装效费比高。利用聚氨酯材料实施伪装覆盖所需费用较低。据计算，每平方米费用不到全波段伪装网的十分之一。覆盖施工后的伪装面具有长期伪装效果，不需要进行后期维护和保养。

5. 简单易操作。可进行现场喷涂或浇注发泡；施工速度快，适合大面积暴露物体的快速伪装；伪装设置形式灵活多样、适应性强。均使得聚氨酯材料的伪装效果及应用效益大大提升。

6.4.1　材料的伪装覆盖方法

根据材料的伪装性能特点以及工程伪装的一般要求，在应用聚氨酯材料进行伪装覆盖时，通常采用二次喷涂法，从而形成所谓的双层伪装结构。此外，为了增强伪装效果，在条件允许情况下可加设伪装装饰层。

1. 基本结构层。基本结构层是在支撑杆件及织物衬垫上喷涂的一层发泡密度相对较大的普通聚氨酯材料。对该层的基本要求是：满足架空承载及造型坚固的需要；其次是根据现地背景的表面状态，仿造、模拟地形地貌。此外，在需要反雷达伪装要求的场合，在该层材料中掺入电磁损耗填料，以获得必要的微波吸收效果。

2. 伪装性能层。伪装性能层是在基本层的基础上，根据伪装要求设置的性能聚氨酯发泡层。其基本要求是：利用具有近红外性能的颜料调配发泡材料，以模拟现地植被的近红外斑点；采用低密度开孔型发泡材料，在基本层上做不均匀喷涂，使伪装面获得与背景相一致的热红外伪装效果。性能层的设置可分数次喷涂完成，以设置不同颜色斑点以及热图斑点。

3. 伪装装饰层。在条件允许的场合，还可在伪装性能层上做覆土、植草或设置假树、变形伞等进行伪装装饰处理。实践证明，经处理后的伪装面伪装效果更加理想，并且随着植物的生长，将使伪装面与背景的融合程度更加趋于一致。

6.4.2　发泡材料的伪装涂覆运用

　　防护工程、阵地工程等地下工程设施,尽管其主体深埋地下不易被侦察发现,但工程的一些外部设施诸如喇叭形出入口、通气竖井、天线堡、山体护坡、电站、接近路等明显表现出物体的外形特征和配置特征。这些暴露特征不但为光学侦察所发现和识别,而且也是热成像设备及雷达侦察设备判读物体的依据。因此,应对此类物体的伪装隐身问题特别重视。理论研究及实践证明,利用聚氨酯材料对工程设施进行覆盖伪装,是快速、廉价、效果卓越的伪装方法。以下针对坑道口部的结构特点,简要介绍应用聚氨酯材料进行伪装覆盖的具体方法和步骤。

　　1. 设置支撑、敷设衬垫。坑道工程口部通常呈喇叭口状,防护门上部的遮雨平台及护坡一般离地面 3—5 m,因此,为了消除喇叭口特征恢复山体原貌,首先需要沿山体架设支撑棚架。支撑的结构强度及支撑架设密度视具体承载要求而定,一般以能够保持轻质织物衬垫的稳定为宜。

　　2. 喷涂基本结构层。喷涂基本结构层时应注意把握边缘部分与地貌的匹配,并进行山体和岩石的造型。施工过程中,应注意尽可能使伪装面有较大的起伏变化,以便于进行伪装装饰设置。此外,必要时应设置通风口、活动门,预留接插件装置等。如图 6-3 是伪装覆盖后的洞口。

　　3. 喷涂伪装性能层。利用经过颜色调配的低密度开孔型材料做全面喷涂,喷涂时可根据背景植被情况设置具有近红外效果的颜色斑点,也可做不均匀喷涂以使伪装面获得热伪装迷彩效果。

图 6 - 3　伪装覆盖后的洞口

图 6 - 4　发泡材料模拟的木板房

4.设置伪装装饰。根据现地背景的景观性能,应预先做出伪装装饰设计并做好装饰材料的准备。施工时,为了使覆土与性能层相互结合,覆土操作应在性能层泡沫熟化前进行。当然,泡沫熟化后还需对伪装装饰物进行整理、补充以及做必要的养护。

此外,对于坑道口的防护门、山体劈坡等具有光滑平面的物体,可直接将材料喷涂在物体上,使物体表面状态与背景地貌及色调保持一致;对于独立房、碉堡、通气竖井、天线堡等设施,可参照以上设置方法进行伪装覆盖处理(见图 6 - 4)。喷涂后形成的伪装面可模拟成砖墙、原木板墙、岩石、裸土等各种地貌地物形式。

参考文献

[1] 石少卿. 硬质聚氨酯泡沫塑料在军事工程中的应用[J]. 工程塑料应用. 2004. Vol. 12

[2] 杨大峰. 硬质聚氨酯泡沫塑料在野战移动工事中应用[J]. 化学推进剂与高分子材料. 2003. Vol. 1

[3] 2012—2016 年聚氨酯市场走势发展分析投资趋势研究报告

[4] 聚氨酯品种分类及应用领域. 环球聚氨酯网

[5] 李昂. 脱模剂及其作用机理[J]. 特种橡胶制品. 2002. Vol. 23

[6] 任树岭. 热塑性聚氨酯注塑成型制品不良原因及处理方法[J]. 2005. Vol. 20

[7] Hiroaki N, Tadaharu A, Wakako A. In-plane impact behavior of honeycomb structures randomly filled with rigid inclusions [J]. International Journal of Impact Engineering, 2009, (36): 73 - 80

[8] Chen D. H., Ozaki S. Analysis of in-plane elastic modulus for a hexagonal honeycomb core: Effect of core height and proposed analytical method [J]. Composite Structures, 2009, (88): 17 - 25

[9] 甘秋兰, 张俊彦. 温度和应变率对泡沫镍拉伸行为的影响[J]. 湘潭大学自然科学学报, 2003, 25(4): 88 - 90

[10] 黄小清, 刘逸平等. 基于相对即时密度的泡沫铝材料力学性能研究

[J]. 试验力学,2004,19(2)：170-177

[11] Banhart J，Fleck N A，Ashby M F. Metal foams special issue，Adv. Eng. Mater. 2000,2(4)

[12] J. Banhart. Manufacture，Characterisation and Application of Cellular Metals and Metal Foams[J]. Progress in Materials Science 46 (2001) 559-632.

[13] 边峰泉,王芳林,张秀国. 聚氨酯泡沫复合夹层板的动力有限元分析[J].现代制造工程,2006,12:71-73

[14] 左孝青,孙加林. 泡沫金属的性能及应用研究进展[J]. 昆明理工大学学报(理工版),2005,30(1):13

[15] 王二恒,李剑荣,虞吉林,等. 硅橡胶填充多孔金属材料静态压缩力学行为研究[J]. 中国科学技术大学学报,2004,34(5):575

[16] 金明江,赵玉涛,戴起勋,等. 泡沫铝/PC树脂/铝合金叠层复合材料的制备与性能研究[J]. 材料科学与工程学报,2005,23(4):585

[17] 林玉亮,卢芳云,王晓燕. 低密度聚氨酯泡沫压缩行为试验研究[J]. 高压物理学报,2006,20(1):88-91

[18] 杨振海,罗丽芬,陈开斌. 泡沫铝技术的国内外进展[J]. 轻金属,2004,(6);3

[19] 程和法,黄笑梅,李剑荣,等. 铝/硅橡胶复合材料动态压缩行为的研究[J]. 爆炸与冲击,2004,24(1):44-48

[20] 田杰,胡时胜. 填充硅橡胶的泡沫铝复合材料的力学性能[J]. 爆炸与冲击,2005,25(5):40

[21] 李晓静. 泡沫铝/纳米环氧树脂新型复合材料设计[J]. 机械工程师,2003,(10):55

[22] Chen C. and Lu T. J.. A phenomenological framework of

constitutive modeling for incompressible and compressible elasto-plastic solids. Ins. J. solids Structures，2000，37：7769－7786

[23] Miller R. E.. A continuum plasticity model of the constitutive and indentation behavior of foamed metal. Int. J. Mesh. Sci. ，2000，42：729－754

[24] Deshpande V. S. and Fleck. N. A.. Isotropic constitutive models for metallic foams. J. Mesh. Phys. Solids，2000，48：1253－1283

[25] Bastawros A. F. etal. Experimental analysis of deformation mechanisms in a closed-cell aluminum alloy foam. J. Mech. Phys. Solids，2000，48：301－322